不抱怨
一切都会好

李云峰 著

台海出版社

图书在版编目（CIP）数据

不抱怨，一切都会好 / 李云峰著. —— 北京：
台海出版社, 2015.6（2018.8重印）
ISBN 978-7-5168-0639-5

Ⅰ.①不… Ⅱ.①李… Ⅲ.①人生哲学－通俗读物

Ⅳ.①B821-49

中国版本图书馆CIP数据核字(2015)第132624号

不抱怨，一切都会好

著　　者：李云峰			
责任编辑：阴　鹏		装帧设计：飞　鸟	
版式设计：刘　伟		责任印制：蔡　旭	

出版发行：台海出版社
地　　址：北京市东城区景山东街20号，　邮政编码：100009
电　　话：010 - 64041652（发行，邮购）
传　　真：010 - 84045799（总编室）
网　　址：www.taimeng.org.cn/thcbs/default.htm
E - mail：thcbs@126.com

经　　销：全国各地新华书店
印　　刷：廊坊市华北石油华星印务有限公司
本书如有破损、缺页、装订错误，请与本社联系调换

开　　本：150×210　1/32
字　　数：141千字　　　　　　　印　张：7.5
版　　次：2015年9月第1版　　　印　次：2018年8月第4次印刷
书　　号：ISBN 978-7-5168-0639-5

定　　价：29.80元

序言

给自己的挑战：我要戒掉抱怨

当下，抱怨、批评、指责似乎越来越成为一种流行病。

在家里，父母抱怨孩子不懂事、不争气、不孝顺，孩子则抱怨父母唠唠叨叨、喋喋不休，把自己管得太严；老公抱怨老婆不温柔、脾气太暴躁、做的饭不好吃，老婆则抱怨老公不浪漫、不体贴、太懒散、挣钱太少……

在单位，上级抱怨下级工作不积极、不尽职、不忠心，只盘算着能拿多少薪水，下级抱怨上级装腔作势、偷奸耍滑，拼命压榨自己的"剩余价值"，同事之间也相互抱怨，指责别人溜须拍马、心机重重……

在互联网上，各行各业的各种"咆哮体"争相怒吼，发泄着自己对他人、对社会的满腹牢骚。甚至在地铁中，在公交车上、卫生间里，人们的各种抱怨声也是不绝于耳。

对于爱抱怨的人来说，见到他们笑开的容颜简直比登天还难。抱怨的人，离悲伤最近，离幸福最远。人们的心灵一旦成了"抱怨"编织的牢笼，就会沉浸在巨大的痛苦之中，看谁都不顺眼，对任何事都不满，总感觉这天下人都在跟自己作对，简直是活不下去了，干脆死了算了！当然死了算了只是说说罢了，并不会真的去赴黄泉。他们只是想发泄，想把心中的积怨化作激流，寻找一种"飞流直下"的快感。然而，抱怨完了，有一点用处吗？事情有没有朝着好的方向发展呢？还有，有没有感到幸福呢？答案是否定的。

隐藏于心的"抱怨"恶习，就好比是一个吃人不吐骨头的恶魔，会夺去无数人的幸福与安乐。一个人如果高频率地抱怨，并成为一种生活习惯，非但自己不会幸福，还会波及旁人的幸福指数。我们不能再让"抱怨"的邪魔虎视眈眈地盯着我们，并心满意足地吞噬我们了，从现在开始练习不抱怨，多说一些感恩的话吧，这样将会给我们带来更多的喜乐。

目录　CONTENTS

第一辑
越早了解抱怨越好

很多时候，我们的抱怨不仅会针对人，也会针对不同的生活状态和情景。的确，生活中有很多烦心的事情，比如拥堵的路况，PM2.5超标的雾霾天等等。不仅仅外部的环境让我们抱怨，我们还不断地抱怨自身，比如时间不够用，挣钱的速度比不上花钱的速度，房价过高买不起房子，总之看什么都觉得不如意。抱怨人人有，但抱怨的真面目并不是人人都知道。

有些人跳舞不行，总是抱怨自己的鞋子

比利时有一句名言："有些人跳舞不行，总是抱怨自己的鞋子。"意思是说，有时候，人们喜欢抱怨，是在为欠佳的表现寻找借口。

现在，有些人败就败在借口上。他们抱怨、找理由就是最大的问题，实际上这恰恰反映了抱怨者的无能，没有能力解决问题，又不想承认自己无能，就把事情推托在别人身上，形成了种种不悦耳的抱怨噪音。

其实，抱怨大多既不能止息所抱怨之事，也不会带来情感方面的快感。在每天发出的无数抱怨中只有极少数能争取到一点点的同情，更不用说最大的情感慰藉了。

如果把世界上的人分一下类的话，大致可以分成能

人、聪明人、无能又愚蠢的人等三类。一个人如果无所不能，他可以通过他的能力让自己的生活状态十全十美，这样的人可以称为能人、高人；面对现实，不停地改善自己，善待自己的生命的人可以称为聪明人；遇事抱怨（抱怨社会不公平，抱怨自己生不逢时，抱怨自己家庭穷等等）的人便是无能加愚蠢的人了。

抱怨不是一种能力，而是一种无能的表现。因为我们的指责和抱怨不会为自己的选择带来任何的利益，所以还是踏踏实实去做事情吧。指责和抱怨只能暴露我们的幼稚和不成熟，以及选择的不理性。

在事情进展顺利的时候就要做好不顺利的准备，而在不顺利的时候做的是应对顺利的布局，否则一味地抱怨，对于我们的前途是没有丝毫益处的。无效抱怨产生的影响会累积，它能够腐蚀我们的精神，破坏我们的幸福感，我们会发现自己被贴上了"哀号者"的标签。

若非心存不满或担忧，抱怨怎会源源不断

有高僧大德曾一针见血地这样评价过"抱怨"：抱怨最初其实是为了去除潜藏在自己内心的不满或担忧，但是，抱怨不但不能去除内心的不满或担忧，反而会加剧这种不满或担忧。只要内

心的不满与担忧存在，值得抱怨之事就会源源不断。

佛家有云："'他辱骂我，打我，击败我，掠夺我'，若人怀有是心，怨恨不得止息；'他辱骂我，打我，击败我，掠夺我'，若人不怀是心，怨恨自然止息。"这句话很明确地说，如果别人将你不愿意做的事情施加在你身上或阻挠你的愿望，你就会发起嗔心而抱怨。

很多时候，人们内心的抱怨、指责与嗔恨都起源于这样一个念想——觉得对方所做之事（例如辱骂、打、击败、掠夺等）会对自己造成伤害。有时倒不一定是辱骂、打、掠夺等事，也有可能是对方说了一句话，做了一件事，只要我们自己主观上觉得这句话或这件事对自己不利，会损害自己什么，我们就会去抱怨、批评、指责。有时候，即便我们不能确切地知道会在什么方面损害自己，但只要我们主观认定会损害自己，我们就会去抱怨、批评、指责。如果我们不觉得这句话或这件事会对自己有什么不利，根本就不会去抱怨、批评与指责。由此可见，抱怨、批评与指责大多源于自私与偏执。

有人说："我批评自己的小孩，抱怨自己的丈夫，完全是因为爱他们，怎么能说是自私呢？"这实际上是一种自欺欺人的说法，我们需要警惕这种冠冕堂皇的狡诈说辞。实际上，我们是因为"爱自己"才去批评与抱怨自己的小孩或丈夫的，因为你觉得自己的小孩或丈夫是隶属于自己的，他们说的话或做的事不合乎你的意，会损害你什么（如脸面或未来的利益等），于是你就抱怨与指责了。说白了，你就是因为"爱自己"才去批评、抱怨与指责的。

有人说："对待那些无恶不作的人，难道不应该抱怨、批评与指责吗？"如果抱怨、批评与指责可以止息他人的恶，并且不给自己的内心留下阴影，那当然是可以的。但是，绝大多数情况下，抱怨、批评与指责不但不能止息他人的恶，而且还会染污自己的心，使自己深深地陷于痛苦的泥潭之中。

佛语有云："在这世上，恨绝不能止恨，唯有慈爱方能止恨，这是永恒的真理。"意思是说，抱怨、批评、指责这些基于"恨"而发出的行为，永远都不会止息我们所怨恨的事情，有时还会适得其反，使得怨恨之事永远存在；要想去除我们不想看到的事情，我们只有用慈爱而柔和的方法，如包容、商量、劝说、教育等，才能去除所抱怨之事。

抱怨是转嫁责任的心灵愚昧

抱怨是逃避责任的最好诠释，它像幽灵一样到处游荡，扰得人心不安。

在现实生活中，一些没有自信的人，想靠抱怨来逃避。他们在遇到困难的时候，总觉得如陷深渊而不能自拔，只好通过抱怨来平衡心态。然而，抱怨是没有任何意义的，只有艰苦努力才能够改善环境。没有人愿意与抱怨不已的人为伍，大多数人更倾向于与那些乐于助人、亲切友善并值得信赖的人在一起。在工作中也是如此，很少有人因为脾气坏以及抱怨等消极情绪而获得提拔和奖励。

有时候，在工作中，我们会碰到一些并非自己职责范围内的工作。只要我们站在公司的立场上，为公司着想，而不是置身于事外，采取观望态度，那么，我们所做出的努力就会得到回报。在现实中，我们难免要遭遇挫折与不公正待遇。每当这时，有些人往往就会产生不满，而不满通常会引起牢骚，希望以此引起更多人的同情，吸引别人的注意力。从心理角度上讲，这是一种正常的心理自卫行为，但牢骚、抱怨会削弱员工的责任心，降低员工的工作积极性，这几乎是所有老板一致的看法。

许多公司管理者对这种抱怨都十分困扰。一位老板说："许多职员总是在想着自己'要什么'，抱怨公司没有给他想要的，却没有认真反思自己所做的努力和付出够不够。"

对于管理者来说，牢骚和抱怨最致命的危害是滋生是非，影响公司的凝聚力，造成机构内部成员彼此猜疑，团队士气涣散，因此他们时刻都对公司中的"抱怨者"有着十二分的警惕。

抱怨的人很少会积极想办法去解决问题，也很少把主动独立完成工作看成是自己的责任，却将诉苦和抱怨视为理所当然。

现在一些刚刚从学校毕业的年轻人，由于缺乏工作经验，无法被委以重任，工作自然也不是他们所想象的那样体面。然而，当老板要求他去做应该负责的工作时，他就开始抱怨起来："我被雇来不是要做这种活的。""为什么让我做而不是别人？"于是对工作丧失了起码的责任心，不愿意投入全部力量，敷衍塞责，得过且过，将工作做得粗陋不堪。长此以往，嘲弄、吹毛求疵、抱怨和批评的恶习，将他们卓越的才华和创造性的智慧悉数吞噬，使他们根本无法独立工作，成为没有任何价值的员工。

一个人一旦被抱怨束缚，不尽心尽力，应付工作，那么在任何单位里他都将自毁前程。中软国际副总裁林惠春先生说："抱怨是失败的一个借口，是逃避责任的理由。这样的人没有胸怀，很难担当大任。"

爱抱怨的人，从来都是行动的侏儒

爱抱怨的人，从来都是行动的侏儒。他们眼高手低，抱着"怀才不遇"的心态，总是满腹牢骚，时常激烈地批评别人，总是自怨自艾，一副郁郁不得志的样子。

有一位职业咨询师发现，失业者普遍都充满了抱怨：要么怪环境不好，要么怪老板有眼无珠，却从来不在自己身上找原因。这位咨询师在与失业者们交流的过程中，特别注意到这样一个现象：10个失业者中，至少有9个人是喜欢批评过去的上司和同事的，而几乎没有人承认主要问题也许发生在自己的身上，是自己的失职造成的这种结果。

其实，正是抱怨的恶习使他们失去了行动能力，他们好像只对寻找不利因素感兴趣，而从来不去设法改变现状。正因为如此，他们自己的路越走越窄。

生活中，我们每个人都会经常听到这样的抱怨：

上班迟到的人，会抱怨说："又堵车了，这个城市的交通简直太差了！""没挤上地铁，我也没什么办法，中国的人口就是多！"

没有完成工作任务，有人会抱怨："市场发生了变化，这不是人为可以控制的。""领导安排的工作不合理，我一个人的工作量相当于三个人的。""别的部门不配合，我只能先等着他们。"

如果考试没有及格，他们会说："出题的人纯粹是个变态。"如果被公司辞退，他们会说："肯定有人在背后给我穿小鞋，说不定就是我们办公室的某某……"

类似这样的抱怨话，我们每天都会听到很多。的确，这些对自己失败原因所做的"推测"中，可能有一些是正确的，但绝大多数都是无中生有的借口而已。

爱抱怨的人，都有一个"自我保护"的办法，就是说服自己相信：我的失败完全是由别人造成的，而那些成功的人只是比自己幸运罢了。

为自己制造这样一个信念，确实能在一时安慰自己脆弱的心，但这样的"止痛剂"像毒品一样能使人上瘾，让人养成一个遇事就抱怨，却从来不从自己身上找原因的习惯。抱怨，对那些在精神上和行动上"立不起来"的人来说，可能的作用就如同一副轮椅，坐得久了，它甚至能让人忘记了该怎样走路！

经过简单追溯和分析就会知道，一个人从发现抱怨的"好处"，直到完全失去行动能力，一般都有这么几个步骤，我们不妨对照一下：

第一步：最开始，爱抱怨的人往往是带着情绪工作。他们本来可能很有才华，但不良的情绪会限制他们的创造力，渐渐地，他们在工作中表现得越来越平庸，也越来越力不从心。

第二步：随着自己工作业绩的下降，他们会更加厌烦自己的工作，也越来越缺少责任心和热情。这样一来，他们就很容易在工作中犯些小错误，难免招来领导的批评。自然，抱怨也会越来越多，理由似乎也越来越充分。过去的抱怨可能多半集中在"工作太累，上司为我布置的工作怎么总比别人多，为什么总是加班"等问题上。而随着自己越来越不被领导看好，抱怨的内容也就越来越情绪化，越来越缺少理性，纯粹拿他人当成自己失败的替罪羊，比如"这个公司真是小人得志，领导真是有眼无珠"之类。

　　第三步：如果处在这样的工作状态下，就算不被辞退，也难以在本职工作上有什么作为。这个时候，人们往往进一步寻求"精神毒品"的帮助，每天消极怠工不说，有空就张嘴责怪他人，不仅责怪上司、责怪社会，还时常酸溜溜地在背后讽刺那些努力工作、取得成绩的同事。

　　到这个地步，如果还意识不到抱怨正是自己失败的"罪魁祸首"的话，这人恐怕一辈子也不会明白自己为什么"总是这么倒霉"，也就不可能有改变现状的任何行动了。抱怨造成的恶性循环，就是这样使一个人失去了改变现实的能力。

　　想想看，抱怨这个"毒品"有多么可怕！难道我们还要听之任之，对此仍然没有任何一点警觉吗！

抱怨的本质是你想通过抱怨得到什么

　　有人说，抱怨如口臭，只有从别人嘴里吐露的时候，我们才会注意到，而对于自己发出的抱怨却充耳不闻。它是真实的吗？我总不认为自己是爱抱怨的人，更不是爱唠叨的人，看来不一定是这样的吧。我的心里一紧，眼前出现了早上发生的一幕：

　　早上六点钟，床头的闹钟准时响起来了。我把灯打开，睁眼看一下表针，是六点了，没错，得起床了。唉，这一夜怎么这么快呢，又得起床了，真不舍得离开这舒适的被窝呀。心里斗争了十分钟，下定决心起来了。心里还有个声音在夸奖自己呢。

起来的第一件事就是喊孩子马上起来。看她磨磨蹭蹭的样子我就不高兴，开始教训孩子了：你怎么回事，你是个学生，得自己起床，怎么总是我喊你呀？我当年做学生的时候总是很早就起来了，没一个人喊，你什么时候学会自觉起床？你的同学可都是五点多就起来学习了，你这样子光知道睡觉什么时候能学习好？你可不能只等着父母起来喊你。在我不停地催促下，孩子才慢慢腾腾地起来了。

回想到自己早上说的那一番话，那不是抱怨又是什么？最糟糕的是这样的话我是经常说，可能孩子感觉自己也理亏，从来也不敢来反抗我的唠叨吧。

在日常生活中，我一定会有过很多类似这样的抱怨吧，只是我自己不觉察别人也不好意思说出来吧。看来人心目中的我和现实中的我还是有很大的差距。我们往往很容易看到别人的缺点，却很难意识到自己的问题。

人的想法创造了生活，话语又清楚地表明了人们的想法。如果我的生活中有很多的无意识的抱怨，说明我已经陷入了一个懒人的思维模式。我们为什么要抱怨呢？一个行为如果能持续下来一定是这个行为给人带来了好处。那么，抱怨给人带来了什么好处呢？

首先，人能通过抱怨来达到自己的目的。

　　人的抱怨实际上是在表达他的不满。但是他又不想办法改变这种现状，他希望能通过抱怨来达到他的目的，你们来改变，让我来享受。这样他也不用再费心思去想如何改变自己，如果简单地能通过抱怨来改变别人，控制别人，让别人感到内疚和自责，这样的做法又简单又奏效，不是很容易吗？正如我在责备孩子不起床一样，如果通过我的指责她真的自己起床了，做父母的多省心多高兴呀！

　　其次，抱怨能让自己找到虚假的成就感，找到知音。

　　人们在工作中常常抱怨有些人做得不好不恰当，他们没眼光没境界才做出这样的事，如果是我做了，哪会有这样的结果？这一切抱怨都是为了显示自己比他们高明，这样的抱怨既灭他人的威风又长自己的志气，还能发泄自己胸中的一口闷气一口怨气：领导不识千里马，真遗憾呀！其次，通过抱怨来吸引他人的注意力，从而获得关注，有时还能博得别人的同情，找到志同道合的战友共诉心曲，真是一举多得。

　　怪不得我们每天都不自觉地要去抱怨呢！

抱怨不好，是因为不知道还有更坏

　　在人生的旅途中，最糟糕的境遇往往不是贫困，也不是厄运，而是精神和心境处于一种无知无觉的疲惫状态。本来活得好好的，各方面的环境都不错，然而你却常常心存抱怨、心存倦怠。

有这样一则寓言：一个园丁饲养着一匹马。这匹马每天都要做很多事儿，但园丁给马的饲料却不多。于是，这匹马恳求天主为它另择一位主人。天主答应了，满足了马的这个愿望。于是，后来的情景就是：这个园丁将马卖给了一位陶器匠。对此，马兴奋极了。

令马没想到的是，在陶器匠那里，需要做的事情更多。于是，这匹马又抱怨自己的命运太差，再次恳求天主重新为它寻觅一位好的主人。接下来，马的这个愿望也实现了。

马被陶器匠转卖给皮鞋匠。当马在皮鞋匠的院子里瞅见马皮的时候，大声哀叹："天哪，我真是一个可怜虫！还不如跟着最初的主人日子好过呢。看样子，皮鞋匠把我买到这里，不是驱使我去做事，而是想杀死我，剥了我的皮。"

其实，很多人身上都不断地上演着这匹马的故事，他们整天抱怨这不好那不好，并不是因为事情真的像他们认为的那样不堪，而是因为他们不知道还有更坏。

记得以前看到过一组声情并茂的图配文的漫画。漫画的主题是《当从11楼跳下去，我看见了……》

"我从11楼跳下去，看见10楼一对平常看起来十分恩爱的夫妻正在打架；看到9楼平常看起来十分坚强的皮特正在独自掉眼泪；8楼的美眉看见未婚夫跟自己的闺蜜躺在一张床上；7楼的姑娘在吃抗忧郁症药丸；6楼失业的小伙子还是每天看招聘信息找工作；5楼备受别人尊敬的王老师正在偷穿女性的内衣；4楼的美女又在对男友哭闹着要分手；3楼的伯伯每天都盼望着有人来看他；2楼的丽丽还在看她那结婚6个月就不见了踪影的老公照片。

"在我跳下之前，我曾无数次地抱怨我是全世界最倒霉的人。现在我才明白，每个人都有不为人知的困境。我看完他们之后，深深地体会到自己生活得还不错。所有刚才被我看到的人，现在都在看着我。我想他们看了我以后，也会觉得其实自己生活得还可以。"

是的，我们在抱怨自己不幸的同时，可能别人比自己更不幸，所以要学会满足和珍惜。

那么，为什么在现实生活中，有些人总是抱怨自己生活得不如别人幸福呢？

有一部分原因是个体缺少"福眼"。有道是"不识庐山真面目，只缘身在此山中"，更确切地说，是"身在福中不知福"。事实上，幸福无时不有，无处不在。举个例子，有一份稳定的收入，不用为了吃穿发愁；有一个温馨的家庭，累了的时候可以遮风挡雨；有一群真心的朋友，悲伤时可以倾诉心事；有一间舒适的卧房，可以安心就寝；甚至在炎炎夏日有一杯冷饮，冷清的冬日有一碗热汤，这些都是幸福。然而，有些人就是视而不见，就是整天抱怨不停，从而将原有的幸福忽略了。

此外，那些抱怨生活缺乏幸福感的人，与他们集聚在心的那些习惯性的不幸想法也有着密切的关系。心存不幸想法的人，会让事情真的变得糟糕起来。而每一天的开始即心存美好期盼，会令幸福围绕在你身边。所以，倘若少一些抱怨，来个思维转换，将幸福视为一种习惯，习惯于寻找和展现生活中阳光的一面，快乐的一面，那么你肯定会成为一个拥有十足幸福感的人。恰如林肯所言："人只要心里决定幸福，大多数均能得偿所愿。"

再有，一些人善于怀旧，多愁善感，也是导致其无休止抱怨的重要因素。人的一生，总免不了风风雨雨、沟沟坎坎，经历过错误、挫折乃至失败，有些往往是刻骨铭心的。当这些伤痛时常在我们的脑海中盘旋、萦绕，"重复体验"时，就会"痛定思痛"，增加丝丝烦恼和愁苦，抱怨自己命运悲舛。

第二辑

我怨故我在

　　有位心理学家做过一次心理试验，他让自己的学生列出所有恋爱关系中令人抱怨的事情。结果列出的抱怨数目惊人，涉及的范围从严肃认真的（拒绝沟通、缺乏信任感，接受不合理的内疚）到稀松平常的（借太多东西，不更换卷筒卫生纸，看电影时肆意聊天），再到有点惹人厌恶的（以难闻的体臭和挖鼻孔为甚）。抱怨人人有，你也不例外。现在，冷静思考一下，你到底在抱怨什么？

理想撞进现实，"三观"碎了一地

经常听到一些员工埋怨自己的时运不济，命运不公。评价别人的成功，也总是一味强调人家"运气好"。实际上，在职场打拼，不错过每一个展现自己的机会，才能使自己得到别人的认可和赏识。

然而，相当一部分员工只能靠不断成功的刺激来维持自信心，受不得一点挫折，受了一点挫折就轻言放弃，怨天尤人。爱默生说："每一种挫折或不利的突变，是带着同样或较大的有利的种子。"老子也曾经说过："祸兮福所倚，福兮祸所伏。"所以，困难也是一种难得的机会，所谓时势造英雄，敢于负责的人会在困难中找机会，推卸责任的人则在机会来临时还害怕困难，给自己搜寻种种他们无法利用这机会的理由。

现实中，每一个职场中人都有自己为之奋斗的目标，但人生的第一步是必须学会向别人展现自己的真实实力，为自己争取更多的机会。

林经理是从事营销工作的，有一次他去听某著名管理家的讲演。在讲演过程中，专家忽然提问："在座的有多少人喜欢经济学？"在场听众没有一个人回应。去听讲座的大都是从事经济工作的，到这儿来的目的就是"充电"，可由于种种原因，大家都选择了沉默。

专家摇头苦笑一下，说："暂停一下，我给大家讲个故事。"

"我刚到美国读书的时候，大学里经常举办讲座，每次都是请华尔街或跨国公司的高级管理人员来给同学们讲演。每次开讲前，我都发现一个有趣的现象——我周围的同学总是拿一张硬纸，中间对折下，让它可以直立，然后用颜色很鲜艳的笔大大地用粗体写上自己的名字，再放在桌前。于是，每当讲演者需要听讲者回答问题时，他就可以直接看着硬纸上的名字叫人。我开始对此不解，便问旁边的同学。他笑着解释说，讲演的人都是一流的人物，和他们交流就意味着机会。当你的回答令他满意或吃惊时，他就很有可能给你提供比别人多的机会。这是一个非常简单的道理。事实也正如此，我确实看到我周围的几个同学，因为高超的见解，最终得以到一流的公司供职……"

演讲专家讲完故事之后，林经理以及其他人开始主动举手回答专家的提问。

在人才辈出，竞争日趋激烈的情况下，一般来说机会不会自动找到你。只有你敢于主动展示自己，让别人认识你，吸引对方的眼球，才有可能寻找到机会。

不懂得恰当展示自我的人是可悲的，因为这会使你与许多成功的机会失之交臂。

那些埋怨机会为何不降临在自己头上的人，总觉得自己怀才不遇，因而牢骚满腹。其实，不是没有成功机会，而是你没有很好地识别机会、抓住机会而已。

有着月薪三万的才能，却拿着月薪三千的工资

每个地方都有"怀才不遇"的人，他们普遍的行为是牢骚满腹，喜欢批评别人，有时也会露出一副抑郁不得志的样子。和这种人交谈，运气不好的时候，还会被他刻薄地批评一顿。

这种人有的真是怀才不遇，因为客观环境无法配合，"虎落平阳被犬欺，龙困浅滩遭虾戏"，但为了生活，又不得不屈就，所以痛苦不堪。

难道有才的人都会这样吗？并不是的，虽然有时是千里马无

缘见伯乐，但大部分都是自己造成的。因为真正有才的人常常是自视过高，看不起能力、学历比他低的人。可是社会很复杂，并不是你有才就可得到相应的职位，别人看不惯你的傲气，自然而然就会想办法给你点颜色看。

另外一种"怀才不遇"的人根本就是自我膨胀的庸才，他之所以没有受到重用，是因为他的平庸、无能，而不是别人的嫉妒。但他并没有认识到这个事实，反而认为自己怀才不遇，到处发牢骚，吐苦水，这样的人让人感觉到厌烦。

不管有才或无才，不少有"怀才不遇"感觉的人都是人见人怕，因为你只要一和他谈话，他就会骂人，批评同事、主管、老板，然后吹嘘他多有本事，多有能耐，遇到这种情况，你也只能点头称是，绝不要跟这种人唱反调。

"怀才不遇"感觉越强烈的人，越把自己孤立在小圈圈里，无法参与到其他人群里面。很多人都怕惹麻烦而不敢跟这种人打交道，视之为"怪物"，敬而远之。不好的评价一旦传播开来，除非遇到爱惜人才、明白事理的上司大力提拔，否则将难有出头之日。

不管你才能如何，都有可能会碰上无法施展的时候。但就算有"怀才不遇"的感觉，也不能过多表现出来，你越沉不住气，别人越把你看得很轻。因此，你要做的是：

先评估自己的能力，看是不是自己把自己估计得太高了。如果觉得自己评估自己不是很客观，可以找朋友和较熟的同事替你分析，如果别人的评估比你自我评估低，那么你要虚心接受。

分析一下为什么自己的能力无法施展，是一时间没有恰当的机会还是大环境的限制？有没有人为的阻碍？如果是机会问题，那只好继续等待；如果是大环境的缘故，那就考虑改变一下现有的环境，寻求更好的发展空间；如果是人为因素，那么可诚恳沟通，并想想是否有得罪人之处，如果是，就要想办法疏通、化解。如果你骨头硬，不肯服软，那当然要另当别论了。

考虑拿出其他专长。有时"怀才不遇"是因为用错了专长，如果你有第二专长，那么可以要求上司给你机会去试试看，说不定你就此能走上一条光明之路。

营造更和谐的人际关系，不要成为别人躲避的对象，而要以你的才干积极地去协助其他同事出色地做好工作。但帮助别人切不可居功，否则会吓跑你的同事。此外，谦虚、客气、广结善缘，都将为你带来意想不到的收益。

继续强化你的才干，当时机成熟时，你的才干就会为你带来耀眼的光芒。

总之，不要有"怀才不遇"的感觉，因为这会成为你心理上的负担。只要你卧薪尝胆，迟早会见到曙光的。

那些你恨得牙根痒痒却又不得不面对的上级

乔安在目前的公司工作了3年，但他越来越觉得他的主管领导无论在工作能力方面，还是在为人处世方面都特窝囊，很多同事也说主管不如乔安，这样乔安就更感到压抑。记得刚工作那会儿，他对主管怎么看都不顺眼，公司的进账出账、财务报表等等，每一样都离不开他。

每次听到主管提出的有关财务方面的愚蠢问题，乔安总在心里哀怨：如果我是主管，我们这个部门对公司的贡献会更大。他把自己的心事跟朋友谈起的时候，朋友们也说曾碰到过类似的情况，有的主管领导能指方向但不会干实事，乱讲一通，出了问题，反过来责怪下属糟蹋了他的创意；有的自己没主意，让员工来出谋划策，再一把抢过来占为己有；还有些主管固守老一套，员工都想创新，就他百般阻挠等等。面对这样的难题，真不知如何解决。

对主管，切不可感情用事，一定要理智地分析和看待他。当心里产生抱怨的情绪时，先问问自己：对主管的反感，是不是带有浓重的个人感情色彩？主管身上真的是找不到一丝优点吗？

学会客观看待所遇到的问题，是职场生存的基本功之一。

公司就是公司，既然老板把公司创立起来，当然是想要盈利的。所以，老板不会安排一个无用的人在任何一个部门。看清了这一点，我们就会理解，这个主管还是有存在的必要的。退一万步说，即使主管不称职，作为一个人，也依然会有我们值得学习的地方。

一个失败的主管也并非一无是处，他可以为我们提供一个反面的案例。我们可以知道，我们真正需要的是一个什么样的主管。当我们升为主管后，我们可以以他为鉴，我们就会知道该怎样做才可以让人心服口服。一个称职的主管，要靠心、靠头脑去领导，而不是在表面上指手画脚。

当主管下达命令时，我们的心里一定要清楚，我们真正服从的不是主管，而是我们的职业和我们所热爱的行业，主管不过是我们工作的指南针而已。在心里不要产生和主管对立的情绪，毕竟很多时候我们无法选择。人，总要学会适应，总要学会和各种各样的人打交道。有时，尽管我们讨厌某些人，但我们依然要同他们交往。这倒不是因为他们有什么神秘力量吸引我们，而是出于一种生存的需要。我们必须知道哪些事情是重要的，哪些事情是必须忽略的。

再者，我们的抱怨并不能使主管对我们的态度发生根本的改变，我们的抱怨除了让自己的内心不舒服外，并没有任何好处。

对主管产生抱怨和抵触情绪，会让我们在工作时不支持和不配合他，一心想让主管的工作出错，让主管出丑。当我们不断给他的工作制造麻烦时，我们的工作还能顺利吗？我们的工作还能有所起色吗？报复的同时是否也给自己带来伤害了？

如果在工作中我们时刻满腹怨气，不时地郁闷，又有多少心思可以用到工作上？工作了也多半是应付差事，不要说全身心投入，恐怕连认真都难以做到。如果我们不能在工作中创造价值，那么我们的自身价值又从何而来呢？我们没有了工作价值，想在职场立足就真的很难了。

不管这件事情对错与否，都不能把产生矛盾的原因直接归于主管。如果把所有的错都放在别人身上，总认为自己是对的，我们就永远无法看清事情的真相。更多的时候，我们要学会宽容和理解，这不是为了别人，而是为了我们自己。

当别人用过分的方式对待我们，我们再以这种方式对待别人，如果我们认为别人做错了，那么自己是不是也做错了呢？我们要做的是学会化解矛盾，而不是激化矛盾。

不管在什么地方，总会有这样或那样的人，他们虽然让我们不喜欢，但他们却是客观存在着的，我们无法改变这一事实。如果我们无法改变事实，就要改变我们的心态。在公司里，最重要的工作态度不是抱怨，而是敬业。不管我们对主管的看法如何，首先都要有敬业的态度，这不仅是对公司负责，更是对自己负责。如果你是一个非常敬业的人，主管没有理由不尊重你。

主管虽然是给我们下达命令的人，但我们绝不是为了主管工作，而是为公司工作，为行业工作，为我们的未来工作。明白了我们的工作目的与性质，我们对于自己的所作所为就不会按情绪的安排进行，而是按照我们的需要和目的进行。

我们勤奋工作，努力付出，就是为了在公司提升自己的身价；我们的身价，会在我们离开的时候体现。将来当我们跨出公司的时候，我们已经成为行业的顶尖高手，成为别人争抢的对象，而不是在行业里成为无足轻重、可有可无的人。

我们可以年轻，但我们不能幼稚。从别人的身上汲取教训，少走弯路和错路，永远是最聪明的选择。对主管喜欢也好，不喜欢也罢，抱着学习的态度永远要比抱怨明智得多。

领导像眼瞎了一样，"大材小用"

李小姐从一所名牌大学研究生毕业后进了一家公司，与她同时进来的同事要么学历没她高，要么学校没她好，为此她很有优越感。

当领导分配她做最基础的工作时，她立即觉得自己被大材小用了。一次，在结算时，她把一笔投资存款的利息重复计算了两次，虽然最终没有给公司造成实际损失，但整个公司的财务计划却被打乱了。

事后，她却觉得就像做错了一道数学题，改正过来，下次注意就是了。

她的这种工作态度让主管很不放心，以后再有什么重要的活儿，主管总找借口把她"晾"在一边，不再让她参与了。没过多久，这位名牌大学毕业的高材生就与自己的第一份工作说再见了。应当说，她不是败给了别人，而是败给了自己。

究竟是因为你牢骚满腹而不得升迁，还是因不得升迁而牢骚满腹，就像是鸡生蛋还是蛋生鸡这个问题一样说不清。但有一点是肯定的，那就是两者绝对是相互影响，形成恶性循环的。不要总是认为自己怀才不遇或者是大材小用。首先你要认清自己的才能到底怎样，然后再给自己合适的定位。

有一位留学美国的计算机博士，毕业后在美国找工作，结果接连碰壁，许多家公司都将这位博士拒之门外。这样高的学历，这样吃香的专业，为什么找不到一份工作呢？

万般无奈之下，这位博士决定换一种方法试试。他收起了所有的学位证明，以一种最低身份再去求职。不久他就被一家电脑公司录用，做了一名基层的程序录入员。这是一份稍有学历的人就都不愿去干的工作，而这位博士却干得兢兢业业，一丝不苟。

没过多久，上司就发现了他的出众才华：他居然能看出程序中的错误，这绝非一般录入人员所能比的。这时他亮出了自己的学士证书，老板于是给他调换了一个与本科毕业生对口的工作。过了一段时间，老板发现他在新的岗位上游刃有余，还能提出不少有价值的建议，这比一般大学生高明，这时他才亮出自己的硕士身份，老板又提升了他。

有了前两次的经验，老板也比较注意观察他，发现他还是比硕士有水平，其专业知识的广度与深度都非常人可比，就再次找他谈话。这时他才拿出博士学位证明，并叙述了自己这样做的原因。此时老板才恍然大悟，于是就毫不犹豫地重用了他，因为老板对他的学识、能力及敬业精神早已全面了解了。

这个博士是聪明的，碰了几次钉子后，他放下身份与架子，甚至让别人看低自己，然后在实际工作中一次次地展现自己的才华，让别人一次一次地对自己刮目相看，他的形象就逐渐高大起来。

如果这位博士有"大材小用"的想法，那么他的才华很可能就真的没有地方可以施展。

处在不顺心的境地里，如果总是感叹自己"大材小用""明珠暗投"，那么抱怨会让你的生活更加糟糕，你会看不到生活中美好的东西。这样只会消磨你的志气，阻止你成功的脚步。

即使你真的遭遇了不公平的事情，自怨自艾也绝对不是解决问题的办法。靠你的实力证明自己吧，没有人可以阻止你努力。当你的成就有目共睹的时候，就没有什么能够阻挡你前进的脚步了。

老板太奇葩了，无时无刻不在苛刻盘剥

有些打工者常常这样算账：老板进了多少货，进价多少，卖价多少，赚了多少，才分给我多少；或者这样想：我工资多少，创造的价值多少，剩下被老板剥削了多少。照这样算下去，世界上有多少个老板，就有多少个黑心肝。

很多账只有老板自己心里清楚，也许一笔生意是赚了很多，但一年中还有很多没有生意的时候，没有生意仍然有支出，所以公司不能不有所储备。另外还有一些生意是亏本的，公司要办下去，总得扯平了算账，削高补低，才能维持。既然亏本的时候工资要照发，赚了钱也不可能全部分光，老板和打工者的着眼点不同，算法也不一样。

打工者往往过高估计自己，只算自己创造的价值，不算自己产生的消耗，更看不到自己所取得的一切必须依靠企业这个平台，而搭建这个平台所消耗的庞大费用是需要每一个人每一个环节来分担的。

在一个企业里，利益分配是这样的：一部分以税收形式上缴国家，一部分以公益支出形式给了社会，一部分以分红的形式给了股东，一部分以薪金福利等形式给了员工，一部分留存在企业里作为企业下一步发展所需的公积金。

我们不得不承认，个人利益与组织利益之间存在着你多我少，或者你少我多的选择，从某一个时间点上看，个人利益和组织利益是冲突的。但事实上，从一个较长时期来看，个人利益与组织利益绝对是统一的。这非常好理解。你看看那些效益好的企业，员工的收入不是很高吗？反之，那些效益差的企业，员工的收入不是很微薄吗？不要太计较一时的你多我少。如果每一个员工都把目光放长远一点，今天少索取一点，让企业发展更快，明天获取的就不会是这一点了。

公司房租是谁在支付？固定资产的折旧谁在承担？办公耗材是谁掏的钱？水电费是谁在埋单？老板雇用一个人，即使不支付一分钱薪水，他也得为这个人付出高昂的办公成本。假如你是一个老板，一个不能为你创造价值的人对你说："让我为你工作，我一分钱工资也不要。"你会接受吗？你肯定不会。把这样一个人招进你的公司，你起码得给他椅子和办公桌吧，这不得花钱吗？

打工者的局限在于只见树木，不见森林，只看得见具体的业务，看不见整个企业的运作。要营造好企业这个平台，老板所付出的不仅是资金，更重要的还有精力、学识、智慧，这些也许就是他人生的全部贮备，是一个人的生命精华，这笔账又该如何去算呢？

我们在一家公司工作，得知通过自己的工作老板赚了多少钱，主管拿到多少钱，这些钱与自己的收入差距很大，心里难免失衡，感到非常不公平。于是心灰意冷，工作时不像以前那么投入，说话时牢骚满腹。

用一个形象的比喻：我们的工作结果是一幢大楼，老板就是这幢大楼的设计师和工程师，而我们只是泥瓦匠。

大楼盖成了，我们总认为这幢楼是自己动手盖的，而自己只拿到很少的工钱，感觉很委屈。但是我们要明白，没有设计师，是不可能有大楼的；没有图纸，水平再高技术再好的泥瓦匠也建不出楼来。一幢大楼外观的美与丑，质量的好与坏，和设计师、泥瓦匠都有关系，但是设计师决定着泥瓦匠的命运。

我们还要知道，任何一个行业首先需要的是设计师而不是泥瓦匠。老板给了我们工作的机会，也就是给了我们从泥瓦匠成为设计师的机会。我们要实现自己的理想，只能珍惜这个机会，把握这个机会。

在老板那里，在很多事情上，我们的努力和付出，不会很快就能有回报。但事实上，如果从更长远的眼光来看，只要我们投入了、付出了、努力了，总是会有回报的。而且有时回报来得越晚，回报的结果就越大。

被同事孤立，总是有种寂寞感

上班之后，每天和我们相处时间最长的人是谁？不是爱人，不是父母，而是同事。早上一睁开眼，便急急忙忙赶去与他们见面；直到夜幕低垂，才满脸倦意地互道再见。上班前父母都要千叮咛万嘱咐：在外面，讲究的是一团和气，和同事抬头不见低头见的，千万别生嫌隙。

然而，人算不如天算，尽管你小心翼翼地维护着和同事的关系，但有一天却仍可能惊奇地发现，自己居然被同事孤立了，成了孤单的丑小鸭。

被同事孤立的滋味不好受，被孤立的原因也是五花八门。但每个感到孤立的人都可以想一想，为什么被孤立的是自己，而不是别人呢？除了遇上一些天生善妒的小人，大部分时候，自身的一些缺点也是导致被孤立的重要因素。在单位里，飞扬跋扈的人，搬弄是非的人，打小报告的人，爱出风头的人，往往都是被孤立的对象。假如你被孤立了，赶快检查一下，自己是不是这类人？

归纳而言，被同事孤立的原因主要有如下三种。

1.薪水太高

陈小姐自从进了现在这家公司后，就一直被同部门的两位女同事孤立。每天上下班，陈小姐都会向她们微笑、打招呼，但她们总是面无表情，装作没看见。每当这时，陈小姐的微笑就一下子僵在了脸上，别提多尴尬了。平时，她们也不和陈小姐讲话，有时陈小姐凑过去想和她们一起聊天，结果她们像商量好的一样，马上不说话，各做各的事情去了，丢下陈小姐讪讪地站在一边。

在这种环境下工作，陈小姐的郁闷可想而知。

后来，她才迂回曲折地从其他同事那里听到一点风声：陈小姐虽然来公司没两年，但工资却比这两位来了4年的女同事高出一大截，于是引来了她们的嫉恨。

陈小姐对现在的工作非常满意，因为不仅轻松，工资待遇也很称心。她不想因为同事关系不和就牺牲了工作，可心头的烦恼却一天胜似一天。

解决之道：心理学研究显示，阶段性职场落单是一种常态现象，切忌稍有风吹草动便敏感地捕捉被孤立的信号。另外，陈小姐可以努力工作，展现出巨大价值，让同事看到自己拿高薪是有实力的。久而久之，职场隔阂和误解自然会冰消雪融。

2.弄错角色

赵小姐在一家国有企业从事财务工作，财务部只有主任、出纳和她3个人。主任不管业务，出纳去年才凭关系进来，于是全部门所有的工作几乎都压在了赵小姐身上。出纳只做现金一块的活计，连最基本的报销都不做，但主任从来不说半个"不"字，因为她有靠山。在领导的纵容下，出纳工作极其马虎。相反，赵小姐做事努力尽心，可到最后总是吃力不讨好。主任有时还会暗示赵小姐，她对工作太认真，把事情都默默地做完了，不等于把他架空了吗？

赵小姐心底里直呼冤枉。主任连电脑都不懂，动不动就甩手把所有的工作都推到她一个人身上，把她累得几乎趴下。到头来，却埋怨她太过能干，赵小姐感到自己简直里外不是人。

现在，主任和出纳都明显地表现出不喜欢赵小姐，平时两人总是有说有笑，单单把赵小姐排除在外，赵小姐为此郁闷不已。

解决之道：被同事孤立时，我们也应从自身找找原因。如果一个人不喜欢你，可能是他不对；如果所有人都不喜欢你，也许问题就出在你身上。赵小姐对工作兢兢业业，为什么不被主任肯定？很可能是她平时有些越级的举动，令主任不满。她说，自己很想把财务部工作做好，可是3个人中，就只有她有这个意识。由此可以看出，她把自己的角色弄错了。把部门发展好是主任的事情，作为下属，应当配合上级完成这一目标，而不是干脆代替上级去思考。她在言谈中，可能对主任颇为鄙视，主任对此怎么会没有察觉呢？看来，赵小姐还是应该先摆正自己的位置。

3.太出风头

董女士是个精明能干的女子，年纪轻轻便受到老板的重用，每次开会，老板都会问问她，对某个问题怎么看。她的风头如此之足，公司里资格比她老，职级比她高的员工多少有些看法。

　　董女士虽然结婚几年了，但打定主意不要孩子。这本来只是件私事，但却有好事者到老板那里吹风，说她官欲太强，为了往上爬，连孩子都不生了。这个说法一时间传遍了整个公司，董女士在一夜之间变成了"当官狂"。此后，董女士发觉，同事看她的眼神都怪怪的，和她说话也尽量"短、平、快"，一道无形的屏障隔在了她和同事之间。董女士很委屈，她并不是大家所想的那么功利，为什么大家看她都那么不屑？

　　解决之道：在职场中锋芒太露，又不注意平衡周围人的心态，有这样的结果并不奇怪。董女士并非是目中无人，只是做人做事一味高调，不善于适时收敛自己的锋芒。只要她能真诚地对待同事，日子久了，他们自然会明白，这就是她的真性情。

第三辑

抱怨就是在犯傻

　　荀子有云："自知者不怨人，知命者不怨天，怨人者穷，怨天者无志，失之己，反之人，岂不迁乎哉！"抱怨并不是一种好习惯。当我们开始抱怨，就是将焦点放在不如意、不快乐的事情上。我们说的话表明了我们的想法，而我们的想法又创造了我们的生活。这是一个恶性循环，也是一种负面的吸引力法则：你发出的抱怨与牢骚越多，你所吸引来的抱怨、牢骚和负面能量也会越多……

因为总是抱怨，所以总是倒霉

可能很多人还是难以相信：难道真的是抱怨害了他们，真的是抱怨阻碍了他们取得成功？要知道，很多人都在抱怨啊！抱怨，不过是说两句"情绪话"而已，说说心里痛快嘛！抱怨两句，也并没有影响工作啊！没有必要大惊小怪吧。

这种爱抱怨，有抱怨习惯的人，也许连他们自己都想不到，抱怨有多么强大的"威力"！

他们甚至不知道自己抱怨的频率有多么高，更不知道，自己的抱怨已经给同事、朋友、家人，尤其是给自己的前途带来了多么不利的影响！

两个建筑工人，名叫托尼和杰克，他们在一个工地上干活。托尼整日怨天尤人，看什么都不顺眼。而杰克好像天生不懂得发愁似的，他总是很快乐，每件事情他都觉得很有趣。

比如这天，两个人坐在一起吃午餐，托尼打开饭盒，又唠唠叨叨地抱怨道："唉！又是火腿三明治……我最讨厌吃的就是火腿三明治。"

第二天，两人又在一起吃午餐，托尼仍然是一边打开饭盒一边抱怨："今天天气真遭！……上帝啊！怎么又是火腿三明治？为什么我总是要吃这种讨厌的东西呢？"

第三天，杰克特意多准备了一些色拉，午餐时请托尼品尝。

"多谢你！"托尼说，"你看，你的午餐总是变着花样。可我太不幸了！日复一日都是火腿三明治！我真的受够这种日子了！"

杰克实在忍不住了："嘿，老兄，你为什么不叫你太太给你做点其他好吃的？"

托尼好像没听懂杰克的话，愣了半天，满脸疑惑，这才说道："你在讲什么啊？我的午餐都是我自己准备的。"

"啊？"杰克十分惊诧地说，"那你怎么不准备点别的呢？""唉，我觉得那样多麻烦呀。"托尼显得似乎无可奈何。

杰克只好摇摇头，不知道说什么好。在这之后，两个人还是按部就班地干自己的活。托尼总是牢骚不断，一边干活一边抱怨。而杰克总是对工作中的技术问题充满兴趣，甚至对那些其他环节的工作，也一有空就在旁边观摩学习。

有一天，老板的朋友——一位教授来工地考察，教授在工地上与工人攀谈了起来，他问托尼与杰克："你们怎么看待自己的工作？"

托尼好像终于有机会好好地抱怨一下了，他没完没了地说道："要不是为了谋生，混口饭吃，谁干这种活啊？！整天码砖砌砖，累得一身臭汗，也挣不了几个钱！"

杰克却说："教授，您别看我们的工地现在看起来只是一堆钢筋水泥和砖块，等它建好以后，它会是全市最高、最漂亮、最有特点的建筑了。想到这里，我就很兴奋！不信你就等着瞧！等它建好以后，教授你可别忘了，这么漂亮的建筑也包含着我的工作呢！"

教授不由地笑了，他再次见到这家公司的老板，就对他说："你千万不要忽视那个叫杰克的小伙子，他一定很有前途！他适合做一些更有价值的工作。"

自然，后来的故事没有什么悬念——杰克的老板果然注意到杰克，提升了他，还送他去参加专业培训。几年之后，杰克已经成为这家公司的副总了，可托尼仍然干着砌砖的活，也仍然每天不停地抱怨着……

当抱怨的恶习已经成瘾并深入骨髓时，这样的人往往就像故事中的托尼一样，连他们自己都不知道自己究竟在抱怨些什么——是天气？是午餐？是某个刻薄的上司？还是日复一日已经重复干了很长时间的例行工作？

其实，他们只是习惯性地抱怨，不管抱怨什么，只要能抱怨就行。他们不知道停止抱怨是什么滋味，当然从来也不去想办法改变一下现状，比如甚至想不到去做点别的午餐，别再做自己不喜欢吃的火腿三明治。

抱怨，就是这样一种威力十分强大的"负面强化"。爱抱怨的人，由于太注意负面的事物，负面的感受，从而把自己打入了"牢笼"！

如果一个人总是在诉说不幸，那他就会越来越倒霉，就会接二连三地抱怨，接二连三地碰上倒霉事，于是再变本加厉地抱怨……最后，他甚至连一点点改变现状的能力都没有了，完全被自己的抱怨束缚了手脚，乃至全部身心！

抱怨甚至有一种特殊的"功能"：把负面的事情统统吸引到你的身边。几乎所有的励志大师都一致认为：人的心灵有强大的能量。如果你总是谈论或者想象美好的事物，你就会不自觉地用健康、快乐、平安等等情绪来暗示自己，从而强化自我的"正面能量"，使你生活得越来越快乐顺畅；而如果你的思绪总是围绕着痛楚、悲惨、孤单、贫穷和倒霉来展开，那么，强大的"负面能量"就会把你的命运引向凄惨和不好的结果。

因为人的心灵有这么强大的威力，所以，人的抱怨也会有这么强大的威力。"爱抱怨的人总是和倒霉同行"，这已经成为生活中一个常见的现象，一个尽人皆知的事实。

假如你抱怨生活，生活将抱怨你

有这样一个故事。相传，有个寺院的住持，给寺院里立下了一个特别的规矩：每到年底，寺院里的和尚都要面对住持说两个字。第一年年底，住持问新和尚心里最想说什么，新和尚说："床硬。"第二年年底，住持又问他心里最想说什么，他回答说："食劣。"第三年年底，他没等住持问便说："告辞。"住持望着新和尚的背影自言自语地说："心中有魔，难成正果，可惜！可惜！"

新和尚对待世事持一种消极的心态，所以才不能安于现状，一味报怨，而他的抱怨，也让他失去了修成正果的机会。

牢骚也好，抱怨也罢，都是因为心态不对，看问题的角度不对，如果能够以积极的心态，换个角度看问题，相信人的心情会一下子好起来。事物在一个人心中的好坏，决定于此人的心态，而不是事物本身，正所谓"以我观外物，外物皆着我色"。满腹牢骚者，不妨转换一下心情，让乐观主宰自己，心情肯定会一下子好起来。下面这个故事讲的正是这样的道理：

中国有一位著名的国画家叫俞仲林，他擅长画牡丹。

有一次，某人慕名要了一幅他亲手所绘的牡丹，回去以后，高兴地挂在客厅里。

此人的一位朋友看到了，大呼不吉利，因为这朵牡丹没有画完全，缺了一部分。而牡丹代表富贵，缺了一角，岂不是"富贵不全"吗？

此人一看也大为吃惊，认为牡丹缺了一边总是不妥，拿回去预备请俞仲林重画一幅。俞仲林听了他的理由，灵机一动，告诉买主，既然牡丹代表富贵，那么缺一边，不就是富贵无边吗？

那人听了他的解释，觉得有理，高高兴兴地捧着画回去了。

同一幅画，因为心态不同，便产生了不同的看法。所以，凡事都应持一种积极的心态，往好处想，而不是看什么都不顺眼，这样就会少些烦恼、苦痛、牢骚，多些欢乐、平安。

"牢骚太盛防肠断，风物长宜放眼量。"现实就是如此，我们必须坦然面对，不能只知发牢骚，如果在牢骚中错过了人生正点的班车，那又将会在抱怨中错过下一次坐正点班车的机会。

正如泰戈尔所说："如果错过了太阳时你流了泪，那么你也要错过群星了。"

当我们的心中充满爱和真诚时，我们会感受到真正美好的生活。我们在爱和美的感觉中，内心会感到极大的放松；我们不再会发牢骚，反而会调动所有的能量，向着我们的主要目标去冲刺。

比痛苦更痛苦的是抱怨痛苦

树上有两枚果子。一枚果子是青涩的，一枚果子是成熟的。

"成熟是不是一件十分可怕的事情呢？"青涩的果子问成熟的果子。

"成熟只会使我们内心充满甜蜜与幸福，这种感觉值得庆贺。"成熟的果子回答道。

"那为什么我看到有些成熟的人，一个个内心充满了痛苦与烦恼呢？"青涩的果子疑惑地瞅着成熟的果子问道。

"那是因为有些人成熟后，学会了抱怨，而我们果子不一样，成熟使我们懂得了奉献。"成熟的果子说，"抱怨，让他们痛苦；奉献与付出，令我们快乐。"

这个寓言故事令人深思。在世间，乐于奉献的人，绝对不会为一点小事就抱怨不休，更不会为了自己的利益做出有损于他人的事情。乐于奉献的人，即便受到了伤害，也不会忍心将报复的刀剑架在别人的脖颈之上。

因为奉献，被一些人视作傻子；因为奉献，被一些人视作懦弱。然而，就算这样，我们也不能放弃奉献，因为它不仅是人类的美德，更是人生得以幸福和快乐的妙方。

一个富翁闷闷不乐地来到教堂祈祷后，向牧师请教："我虽然有万贯家财，可是我却没有多少幸福感，我甚至不知道我应该拿我的金钱做些什么？它能把欢乐和幸福买来吗？"

牧师听完富翁的这一番话后，让富翁站在窗前，观望外面的街道，问他看到了什么。富翁说："我看到来来往往的人群，感觉不错。"

接下来，牧师又将一面非常大的镜子摆在他面前，问他看到了什么。富翁回答："我看到了自己，我忧心忡忡。"

然后，牧师语重心长地对富翁说："是啊，窗户和镜子都是玻璃制作的，不同的是镜子上镀了一层水银。单纯的玻璃让你看到了别人，也看到了美丽的世界，没有什么阻碍你的视线，而镀上水银的玻璃只能让你观看到自身，是金钱阻拦了你的心灵之眼，你守着你的财富，像守着一个封闭的世界。"

富翁听完牧师的话，顿时如醍醐灌顶。

自此之后，这个富翁开始不再抱怨金钱，总是尽可能地去资助那些有困难的人，将自己的仁爱带给他们，而得到帮助的人则用无尽的感激和祝福回报他。富翁心里是满满的幸福。

人类作为社会性的动物，冷漠与恨无异于黑暗与灾难，而爱则是阳光与福祉。人与人之间少些抱怨，多些互相协作、守望相助的精神，才能更好地生存，并获得可持续的发展。

20世纪初，英国出了两个杰出的人物，一个是英国首相温斯顿·丘吉尔，他在第二次世界大战中以自己卓越的外交才能极大地推进了世界反法西斯战争的胜利进程，他治理国家的非凡智慧和忠实诚信的人品在国内受到了人民的普遍崇敬。另一个是英国细菌学家亚历山大·弗莱明，他在1928年发明了青霉素。青霉素在1941年开始用于临床，是现代医学中使用最普遍，抗菌效果最显著的药物。它的推广应用为人类的健康带来了福祉，它跟原子弹、雷达并列，被誉为"第二次世界大战时期世界三大发明之一"。

丘吉尔和弗莱明表面看起来没有丝毫联系，殊不知，他们在小时候有过这样一段因缘：丘吉尔在一次玩耍时失足掉进了一个十分深的粪池里，假如没有人过来施救，他过不了多长时间就会被淹死；弗莱明自幼家境贫寒，父母没有多余的钱财供他去求学读书，假如得不到富人的资助，他成年之后只能是一个学问不高的人。

幸运的是，在丘吉尔掉入粪池的时候，有一个农夫闻声赶来，他奋不顾身地跳到粪池中，将在其中挣扎呼喊的丘吉尔救起。这个农夫就是弗莱明的父亲。丘吉尔的父亲是英国上议院的议员，他为了报答农夫对他儿子的救命之恩，将弗莱明带去学校上课，为他提供学费。就这样，弗莱明一直读到圣玛利亚医学院毕业。

弗莱明的父亲是个平常的人，他将失足落入粪池中的小孩救出来也是一个很平常的善举。然而，正是这么一个很平常的人，一个很平常的善举，改变了两个人的命运，进而也改变了世界上千千万万人的命运！更确切地说，改变人们命运的，不是一个人、一件事，而是一种奉献的精神和品质。

现在的英国人，在谈起弗莱明父亲当时对丘吉尔的救助时，仍津津乐道，末了总会说上一句："如果没有弗莱明父亲当时的义举，现在的英国还不知道会是什么样子！严格地说，是弗莱明的父亲挽救了整个英国，他也称得上民族英雄！"

抱怨使人痛苦，奉献令人幸福。更有甚者，比如弗莱明父亲，更是因为乐于奉献，不仅改变了自己家族的命运，还间接影响了世界格局。

爱抱怨者的可能结局：被周围的人们放逐

抱怨的行为将给人带来负面的影响。

"烦死了，烦死了！"一大早就听见王宁不停地抱怨，一位同事皱皱眉头，不高兴地嘀咕着："本来心情好好的，被你一吵也烦了。"

王宁现在是公司的行政助理，事务繁杂，是有些烦，可谁叫她是公司的管家呢，不找她找谁？

其实，王宁性格开朗，工作认真负责，虽说牢骚满腹，但该做的事情一点也不曾拖延。设备维护、购买办公用品、交电话费、买机票、订客房……王宁整天忙得晕头转向，恨不得长出8只手来。再加上她为人热情，中午懒得下楼吃饭的人还请她帮忙叫外卖。

刚交完电话费，财务部的小李来领胶水，王宁不高兴地说："昨天不是来过了吗？怎么就你事情多，今儿这个，明儿那个的。"抽屉开得噼里啪啦，翻出一个胶棒，往桌子上一扔，说："以后东西一起领！"小李有些尴尬，又不好说什么，忙赔着笑脸说："你看你，每次找人家报销都叫亲爱的，一有点事求你，脸马上就长了。"

大家正笑着呢，销售部的王娜风风火火地冲进来，原来复印机卡纸了。王宁脸上立刻晴转多云，不耐烦地挥挥手："知道了。烦死了！和你说一百遍了，先填保修单。"单子一甩，"填一下，我去看看。"王宁边往外走边嘟囔："综合部的人都死光了，什么事情都找我！"对桌的小张气坏了："这叫什么话啊，我招你惹你了？"

态度虽然不好，可整个公司的正常运转还真离不开王宁。虽然有时候被她抢白得下不来台，但也没有人说什么。怎么说呢？她不是应该做的都尽心尽力做好了吗？可是，那些"讨厌""烦死了""不是说过了吗"……实在让人听了不舒服。特别是同办公室的人，王宁一叫，他们头都大了。"拜托，你不知道什么叫情绪污染吗？"这是大家的一致反应。

年末的时候，公司民主选举先进工作者，大家虽然觉得这种活动老套可笑，暗地里却都希望自己能榜上有名。奖金倒是小事，谁不希望自己的工作得到肯定呢？领导们认为先进非王宁莫属，可一看投票结果，50多份选票，王宁只得了12张。

有人私下说："王宁是不错，就是嘴巴太厉害了。"

王宁很委屈："我累死累活的，却没有人体谅……"

有时，抱怨的确可以让人的情绪得到舒解，有益健康，但如果抱怨太多，就会使人厌烦。抱怨绝对不是太好的事，它不会为你带来多少正面的效益。

很多人都不喜欢每天只知道抱怨的人。因为经常抱怨的人，生活的态度非常消极，对任何事都处于不满意的状态。其实完全没有那种必要，无论怎样的生活，都是自己必须要过下去的，何必不停地去抱怨呢？

我们更不喜欢看到一些人为了向其他人炫耀自己的某一方面，故意去抱怨一些事情，好像自己很了不起一样。说穿了，无论你怎么抱怨，这都是生活。生活意味着必须要自己过下去，何必为了自己不能得到想要的生活而抱怨地活着呢？坦然面对生活中发生的一切，才是人生。

抱怨是人际关系的腐蚀剂。长年抱怨的人，最后可能会被周围的人们放逐，因为每个人都发现自己的能量被这个抱怨者榨干了；他们借着抱怨的习惯，把我们原有的怜悯变成了厌烦。相反

地，有些面临严酷环境的人，却能保持乐观，不让自己感觉像是
受害者。

抱怨越多，招惹来的负能量越多

每天我们总是会遇到许多不如意的事情？老是觉得自己碰上
衰事，而在唉声叹气？你是否曾数过自己每天会抱怨几次？抱怨
是最消耗能量的无益举动。有时候，我们的抱怨不仅会针对人、
也会针对不同的生活情境。

而且如果找不到人倾听我们的抱怨，我们会在脑海里抱怨给
自己听。抱怨就是在讲我们不想要的事情，而不是我们想要的事
情。当我们开始抱怨，就是将焦点放在不如意、不快乐的事情
上，俗话说："相由心生，心随意转。"我们说的话表明了我们
的想法，而我们的想法又创造了我们的生活。

我们发出的抱怨和牢骚越多，我们所招惹来的抱怨、牢骚和
负面能量也就会越多。正所谓"星火燎原"，人们的大发雷霆或
者大打出手一开始都是以抱怨的形式出现的。简言之，抱怨就是
在感召不幸。如果一个人经常抱怨，就是持续活在"不对劲"的
状态里，把焦点放在不想要的东西上，所谈论的也是负面的、出
错的事情。接着，在糟糕的情绪驱使下，就会注意到更多可抱怨

的事情，坏事情就会扩大。打个比喻，一个人的心态就像一个磁场，会把相应的东西吸引过来。

我们知道，有个成语叫"千里之堤，溃于蚁穴"。这个成语的原意是说，一个千里之长的坚固大堤，如果最初任凭小小的蚂蚁在大堤里面做窝，大堤内所围挡的堤水就会不断地侵蚀进去，蚂蚁窝就会渐渐扩大，最后甚至会冲垮整个大堤。这个成语的引申意思是在告诫人们，对那些会导致大灾难的小事，最初就要小心翼翼，将其消灭在萌芽状态；否则，如果因为是不起眼的小事，最初不加控制，等到慢慢发展到一定规模，想控制也控制不了了，只能眼睁睁地看着灾难的降临。

抱怨给人们制造灾难的原理与上面所说的"千里之堤，溃于蚁穴"的原理基本相同。大多数人的抱怨，最初可能只是起源于心里对某件事情的担心。由于这些人心里潜藏着一个非常愚蠢的观点——"自己抱怨一下，向对方发出警告，就可以让自己所担心的事情不发生"，正是基于自己内心的这个可笑的潜台词，他们就开始"抱怨"了。

实际上，"抱怨"一旦发端于心、出言于口、付诸于行动，不但不会像这些人心里所期望的那样——消除所担心之事，反而会使得本来根本不可能发生的事变得可能了，本来有可能发生的事情变得更加可能了；如果不停地抱怨，所担心之事发生的可能性就变得越来越大，最后可能真的就成了现实。

从这个角度看，抱怨是一种负面的吸引力法则，一种恶性循环。

当你抱怨之前，不妨先想一想

当你想要谴责别人之前，不妨想一想：金无足赤人无完人；

当你抱怨生活不公之前，不妨想一想：那些早已逝去的人；

当你抱怨工作不顺之前，不妨想一想：那些仍在失业的人；

当你抱怨住房太小之前，不妨想一想：那些仍无居所的人；

当你抱怨伴侣太丑之前，不妨想一想：那些缺少伴侣的人；

当你想说不友善话之前，不妨想一想：那些不会说话的人；

当你抱怨孩子无才之前，不妨想一想：那些没有孩子的人；

当你抱怨家庭不富之前，不妨想一想：那些缺少家庭的人；

当你抱怨饭菜味道之前，不妨想一想：那些吃不上饭的人；

当你抱怨路太坎坷之前，不妨想一想：那些身体残疾的人；

当你郁闷得被压倒之前，不妨想一想：咱还是仍活着的人；

当你抱怨环境太差之前，不妨想一想：那些改造环境的人；

当你抱怨别人不好之前，不妨想一想：自己又是怎样的人；

当你抱怨开车路远之前，不妨想一想：那些徒步行走的人；

当你抱怨无人赏识之前，不妨想一想：我仍然是可用之人。

抱怨是发泄消极情绪、维持心理健康的一种手段。英国《心理学杂志》曾刊文称，虽然抱怨是生活中必不可少的一种行为，但是多数人并不会有效地抱怨，而只是一些琐碎的、毫无意义的唠叨，也不会对事情发展有任何作用。

怎样才能让抱怨更有效呢？心理学家朱利安·巴吉尼提供了5点建议：

别挑错抱怨的事物。抱怨不能改变或者不需要改变的事情只会让你更加沮丧。

确定你想要的改变是所需的。事物存在的问题总是比解决方法上的漏洞更显而易见，所以抱怨前你要想清楚，万一自己的抱怨发挥了作用，你会喜欢它的结果吗？

抱怨要具体。比如抱怨别人的态度不好就有点含糊不清。你应该抱怨他们没有说"谢谢"或者没有"提供建议"的消极行为。

不要光说不练。一味地抱怨事情多么糟糕，别人多么讨厌，还不如好好想想自己能够做些什么来改变。

抱怨是门艺术，如何处理别人的抱怨更需要技巧。为了更好地应对向你抱怨的人，有一点要铭记：从心理学上讲，抱怨的人不希望事情完全改变，他们只是为了卸掉自己的责任罢了。

第四辑

不抱怨，一切都会好

所谓阳光心态，一是不高估或低估自己的能力，具体表现为对自己做任何事的成功和失败的概率有准确的预测；二是既积极主动，要尽力而为，又顺其自然，不苟求事事完美，有从容淡定的自信心。做好每天要做的事情，享受生活，享受做好每一件事情所带来的快乐，就会有足够的力量承担到来的挫折和痛苦。抱怨不是让你如愿的万灵丹，你可以好好表达自己的期待，而不需要以抱怨现况来获取你想要的结果。

每个人的心里都潜藏着一条悲伤的河流

　　人的一生并不是什么事都能由自己去选择，痛苦和不幸谁都不想要，但有时往往却接踵而至，祸不单行的日子，你只有用好的心态去处理它，而不应该计较它、在乎它。很多人面对痛苦之事，通常的反应是沮丧、埋怨、忧愁，其实我们完全可以有另一种反应：将痛苦视作人生的一种享受。

　　威廉·马修由于外伤而全身瘫痪，住进了美国西海岸边境城市圣迭戈的一家医院。每天清晨，威廉·马修都要承受来自身体不同部位将近一个小时的疼痛煎熬。年轻的女护士见状，每次都因马修所经受的钻心疼痛而以手掩面，不忍目睹。马修说："虽然钻心的刺痛让我难以忍受，但我还是感激它——这种痛苦让我觉得我还活着！"

威廉·马修将痛苦视作人生的一种享受，并从中发现喜悦，这貌似有些自虐式的荒唐。但置身马修的处境，就会明白这痛是一度瘫痪的神经的苏醒，是重新恢复生命活力的希望。

痛苦，不管人们愿不愿意，几乎每一个人都会遇到。痛苦作为生命的一种感觉，从一个对立的角度对生命进行着激励与诠释。一个从来没有经历过痛苦的人，必然对幸福缺少判断能力；一个不能感知痛苦的人，同样对追求缺乏目标感。

痛苦是客观的，具有存在的必然性。痛苦还有其特定的空间局限性和时间变动性的特点。这些特点决定了痛苦是能够被人们摆脱和战胜的，甚至能够转化成一种力量。也正是因为这些特点，决定了并非一切不幸都是痛苦，一切痛苦也并非都是不幸，问题是如何控制与利用痛苦。就人生而言，总是从平坦中取得的教益少，从磨难中取得的教益多，所以学会驾驭痛苦，应该成为每个人的生活必修课。

驾驭痛苦的方式有两种：一是摆脱，二是引导。摆脱痛苦的最有效的方法就是寻找慰藉和转移注意力。当然，人生所有的痛苦并不是仅靠慰藉和注意力转移所能替代的，而是需要向有利的方向发展。这种发展，就能从痛苦之中发现和挖掘蕴藏在其中的美。我们尽管难以阻挡痛苦的到来，但我们完全可以对它进行利用与引导。所谓的"利用痛苦"，无非就是正视痛苦，从痛苦中奋发图强，努力造就全新的自己。

罗兰说过："把你的苦难当作难得的经验，忍耐一时之痛去体会它，你将因为这些苦痛而比别人更了解人生。"人生的每一次吃苦其实都是一种宝贵的阅历与财富，一种对人生意志的锻炼与考验。它让我们懂得"梅花香自苦寒来"的真谛，让我们练就坚强的意志。一个人不愿向命运俯首称臣，才有可能将命运征服；一个人不愿向苦难卑躬屈膝，才有可能将苦难打败，最终取得卓越的成绩，获得事业上的成功。

我们必须想方设法摆脱过去的痛苦，不能总是沉浸在"为什么痛苦发生在我身上"的自我质问中。智者在面对痛苦的时候，会在自己的脑海里提出"以后怎样生存下去"的问题。在他们看来，既然痛苦已经发生在自己身上了，那么，自己该如何面对，该如何处理才是最重要的问题。

有一天早上，师傅派徒弟去取一些盐回来。这个徒弟很是不情愿，但还是听从师傅的话，把盐取了回来。随后，师傅让徒弟把盐倒进水杯里喝下去，问他什么味道。

徒弟吐了出来，说："很苦。"

师傅笑着让徒弟带着一些盐和自己一起去湖边。

师徒二人沉默了一路。

待二人来到湖边，师傅让徒弟把盐撒进湖水里，然后对徒弟说："现在你喝点湖水。"

徒弟双手捧起一些湖水，喝下去。师傅问："这次感觉味道如何？"

徒弟说："很清凉。"

师傅问："尝到咸味了吗？"

徒弟说："没有。"

然后，师傅坐在这个总爱计较的徒弟身边，握着他的手，语重心长地说："人生的苦痛就好比这些盐，有一定数量，既不会多也不会少。我们承受痛苦的容积的大小呢，是可以决定痛苦程度的。因此，当你感到痛苦之际，不妨将你的承受容积放大一些，不是一杯水，而是一个湖。"

是的，人生有时确实很痛苦。但再痛苦也不足畏惧，关键就看你怎样对待它。人只要活着，痛苦是避免不了的。痛苦，对于阳光明媚、微风轻拂的生命绿洲，意味着残酷与不幸，然而对于麻木无知觉的躯体，它又代表着一种生命的喜悦。当我们换个角度来看待痛苦，我们会蓦然发觉，其实痛苦也是一种享受。因为有痛苦，我们的人生才变得多姿多彩，我们的精神才变得坚韧敏锐。

享受痛苦是人内心深处的一种精神体验。当我们以湖一般的宽阔胸怀品尝痛苦，以欣赏的心境面对痛苦，把艰难困苦当作前进道路上的垫脚石时，痛苦就会相对缩小，甚至能够让人生更加灿烂。

告别那个总慨叹"想当年"与"忆往昔"的自己

由于社会结构与阶层发生了重大变化，社会资源与利益重新分配组合，社会地位与经济利益受到冲击的那一部分人，极易产生失落感，但又无能为力，只能通过怀旧的方式来表达自己对现实的遗憾。

从主观方面来看，怀旧实质上是一种对现实生活的躲避和逃遁，它把我们所不想回忆的痛苦和压抑隐藏了，以至于我们自己永远不会再想起。另一方面，它又把我们过去生活中美好的东西大大强化了，美化了，以至于人们在几次类似的回忆后，把自己营造的回忆当作真实。另外，个人的失落感也容易导致人们产生怀旧心理；失落导致回首，以寻找昔日的安宁与情调。

有的人十分热衷搞同乡会、同学联谊会，这是对过去的友人、恋人的怀旧和依恋。这包括幼儿园园友、小学校友、中学校友、大学校友……有的男士女士，过去曾有过一段恋情，因故未成连理，如今已届中年，旧情萌发，开始"第二次握手"。

有的人过分看重过去所取得的功绩，把所获得的奖状、勋章、奖品保存得完美无缺，时常追忆"想当年"那段辉煌的经历。相比之下，现在这荣誉的光环正逐渐地消失，心里时常有失落感。其实，这种怀旧心理，渴望"回到从前"的愿望，只是心灵的谎言，是对现在的一种不负责的敷衍。

现代人常说"活在当下"，就是指活在今天，今天应该好好地生活。这其实并不是一件很难的事，我们都可以轻易做到。

昨天就像使用过的支票，明天则像还没有发行的债券，只有今天是现金，可以马上使用。今天是我们轻易就可以拥有的财富，无度的挥霍和无端的错过，都是一种对生命的浪费。

这世上再也没有什么能比今天更真实了。即使能回到从前，也会有太多的遗憾，就像一个早已愈合了的伤口，又被我们重新揭起。那些我们无法改变的事实，那些我们无力填补的空白，都是因为我们当初错过了"今天"的结果。或许，回不到从前，那声啼哭才更具有撼人心魄的力量；或许，回不到从前，那段逝去的童年才会更令人神往；或许，回不到从前，那场没有结果的初恋才能成为你生命之树上永恒的花朵……

不要回避今天的真实与琐碎，走脚下的路，唱心底的歌，把头顶的阳光编织成五彩的云裳，遮挡凌空而至的风霜雨雪。每一个日子都向人们敞开，让花朵与微笑回归你疲惫的心灵，让欢乐成为今天的中心。如果有荆棘刺破你匆忙赶路的脚，那也是今天最真实的痛苦。

迎接今天的最佳姿势就是站立，用你的手拂去昨天的狂热与沉寂，用你的手推开明天的迷雾与霞辉，用你的手握住今天的沉重与轻松。把迎风而舞的好心情留在今天，把若隐若现的阴影也留给今天。

正常的怀旧有一种寻找宁静、维持心灵平和、返璞归真的积极功能。这方面的功能多一些，病态的、消极的心态就会减少。过分地沉溺在对往事的追忆中，就会变成病态的怀旧，这种心理不仅阻碍个体适应环境，也对社会变革产生阻力。在人际交往中只能做到"不忘老朋友"，但难以做到"结识新朋友"，个人的交际圈也会大大缩小。有病态怀旧行为的人很难与时代同步，这有碍于他们自身的进步与发展。

积极地参与现实生活，可以不被怀旧心理所影响，如认真地读书、看报，了解并接受新生事物，积极参与改革的实践活动。要学会从历史的高度看问题，如果对新事物立刻接受有困难，可以在新旧事物之间寻找一个突破口，比如思考如何再立新功、再创辉煌，不忘老朋友、发展新朋友，继承传统、厉行改革等。

对自己所走过的道路要有满足感，不要老是追悔过去，抱怨自己当初这也不该，那也不该。理智的人不注重过去留下的脚印，而注重开拓现实的道路。

将视点多聚焦在生活中那些精彩的地方

生活中，总是有人整日闷闷不乐，并不是因为生活真的有那么不如意，而是在于自己没有用喜乐之心感受生活中幸福的成分，没有将视点聚焦于生活中的精彩之处。

刘女士整日茶饭不思、彻夜失眠，身体消瘦得厉害，但各种检查显示身体一切正常，没有患任何疾病的迹象。于是，她去拜访一位心理医生。心理医生问她是不是心中觉得特别痛苦？刘女士像遇到知音一样，开始向心理医生倾诉自己的各种苦恼。比如对门的邻居见面没主动和她打招呼，楼上的住户每天晚上总是会制造出一些噪音，自己居住的小区治安很差，一个本来关系很好的同事竟然背地里骂自己，领导答应给自己加薪但好几个月过去了也没动静……如此种种，她认为生活很没意思，处处都不称心如意。

等刘女士说完，心理医生问："你老公对你感情如何？"刘女士脸上露出笑容，说："啊，他非常疼爱我，我们结婚10年了，他从来没有对我大声嚷嚷过。"心理医生微笑着点点头，又问："那你们有小孩吗？"刘女士双眼闪出光彩，喜悦地说："我有一个儿子，6岁了，聪明活泼，非常懂事。"然后，心理医生又问了刘女士其他一些问题。

最后，心理医生将写满字的两张纸放到刘女士面前。一张写着她的苦恼事，一张写着她的喜乐事。心理医生对她说："这两张纸就是治病的药方，你将大部分精力用来抱怨苦恼事，却忽视了身边的快乐。"

西方有句名言："生活中从来不缺少美，而是缺乏发现美的眼睛。"同样，生活中不缺少幸福，而是缺少发现幸福的眼睛。你想发现生活中的美和快乐吗？那么就用心感受生活吧，淡化不如意，强化快乐，你会发现生活原来如此精彩，你的心情也会像阳光般灿烂。

所以，与其每日被这样或那样零碎的突发事件搞得神经紧张，情绪失落，不如平静下来，调整心态，将失意寄存，与好心情来个约会。

影星吉尼威尔德在《监狱风云》中饰演了一个名为亨利的男子。亨利笑口常开，风趣幽默，但有一天却被误判入狱，所有狱官都看他不顺眼，时不时地找他麻烦。

有一次，狱官用手铐将他吊起来。几天之后，他居然还能满脸微笑地对狱官说："谢谢你们治好了我的背痛。"狱官又将亨利关进一个因日晒而温度极高的锡箱里。当他们放亨利出来时，亨利竟然请求说："啊，拜托你们再让我待一天，我正开始觉得有趣呢！"

最后，狱官将他和一位重300磅的杀人犯古斯博士一起关进一间小密室。古斯博士在狱中恶名远扬，就连最凶恶的犯人也像躲瘟神一样对他避而远之。因此，当狱官们打开密室的门，看见古斯博士和亨利坐在一起高兴地玩牌时，都大吃一惊。

其实，世间许多事情本身并无所谓好坏，全在于你用什么心态去看。亨利做的只不过是在喜乐与悲伤之间，选择了以喜乐去面对世事，所以，没有人能以任何方式夺走他的喜乐。

村子里住着一位智者。一天，有个满面愁容的女人来到智者家中，向智者哭诉说："我住的小平房本来面积就不大，老公、孩子和我已经有4个人了，可现在公婆又搬来和我们一起生活，我这日子过得太不如意了！6个人挤在一个小平房里，很是不方便啊！"

智者听完沉思片刻，问道："你家养牛了吗？"

女人回答说："养啊，但这跟小房子联系大吗？"

智者说道："你把一头牛拉到小房子里养，一星期后再来找我吧。"

过了一个星期，女人找到智者。她一进门就感叹说："这算什么嘛，本来就拥挤不堪，你还让我牵头牛进去喂，牛一动，我们一大家子都要跟着动，更没办法生活了。"

智者笑了笑，又问道："你家养鸡了吗？"

女人说："养了，这跟我的处境有什么联系吗？"

智者说："你回家后把鸡也赶到小平房中养，一个星期后再来找我吧。"

女人听完更加疑惑不解了。但她想智者怎么也是智者，比自己要强得多，勉强答应了。

过了一个星期，女人又找到智者。她还没进门就放大嗓门说："你还是智者呢，搞得我家里鸡飞牛跳，哪里都是鸡毛牛粪，我们的日子是没法过了！"

智者一言不发，等她大喊大叫完了，平静地说："回去把牛牵出屋子，一星期后来找我。"

女人听完觉得这智者真的没什么过人之处，但她还是听了智者的话。

过了一个星期，她又来找智者。智者问她："这个礼拜过得感觉如何？"

女人回答说："比之前好多了，自从把牛牵走以后，觉得家里宽敞多了。"

智者笑着说道："关于你的困境，解决方案我想好了，你回去后将家里的鸡都赶出房间。"

女人回去后便照智者的话做了。

后来，她就快活地和她的孩子、老公、公公、婆婆一起生活了。

环境并没有改善，生活却变得有滋有味。很多时候，我们之所以感到生活不堪，是因为我们的心态不堪。如果多关注生活中开心的事情，淡化悲伤的事情，那么就会过得很开心，就会发现每天都很有意义；如果总是关注不开心的事情，而忽视了开心的事情，那么我们的心就会布满阴云，久久挥之不去。

从容淡定是潺潺的小溪，细水长流

传说远古时期，舜在位时，弹琴赋诗，从容儒雅，将天下治理得井井有条。然而，随着社会的发展，时代的进步，现代快节奏的生活，却让人们像疲于奔命的小老鼠，时不时地产生着不同程度的紧张感。古人在那样艰苦的条件下治理起一个国家尚能举重若轻，做到从容淡定，我们在现实生活中为什么就不能做到呢？

从容淡定是一种滋补剂，不仅可以将我们的精神品位全方位提高，还能够将我们的身体滋养。只要有心，有意识地控制自己，每个人都能做到从容淡定。有人曾说："思想就宛如一片脏兮兮的沼泽地，想要令其成为一块种满黄金谷物的肥田或一片富饶的果林，我们只需要将沼泽地里的储水排出，并将那些水流引导到一条建好的沟渠中即可。"同理，我们也可以通过征服并引导这些思想水流，在自己躯体中取得平衡，进而促进自己的心灵与生命开花结果。

传说，古罗马有一位皇帝有着独特的选将方法。他经常派人观察那些次日就要被送到竞技场与猛兽赤手空拳搏斗的死刑犯。之所以如此，是想看这些犯人在临死前夕是如何表现的。他发现凄凄惶惶的犯人中竟然有能酣然大睡且无所畏惧的人。于是，他便会下令悄悄在次日清晨将他们释放，然后秘密地对其进行培训，以便将其锻炼成带兵打仗的勇将。

常言道："细微处见大千世界。"其实，一个人的胸怀、气量、风范，也能够从细微处显现出来。也许，古罗马的那位皇帝之所以赦免并重用那些死刑犯，就是从其细微的动作、情态中观察到了与众不同的潜质，看出了一份处变不惊、遇事不乱的从容。

据说，在江户时代，有一位非常喜欢将自己装扮成武士的茶师。

一天，这位茶师心血来潮，又装扮成武士到大街上闲逛。很不巧的是，他遇见了一个真正的武士。茶师慌里慌张的，把头埋得很低。

武士见茶师这般模样，说："请你拔出剑来，我要和你比试一把，分出个高下。"

茶师心想："假如我跟武士比武，我肯定会没命的。"不过，他转念一想，又觉得自己是个得道的茶师，就算是死，也要死得漂漂亮亮的。于是，茶师骗武士说："我现在要去办一件至关重要的事情，等办完了再回来跟你比武。"

茶师急匆匆地赶到全城最有名的剑道馆，恳求剑道师傅："请教我一个死得最漂亮的姿势吧，因为过一会儿我会跟一个武士比剑，我并不会功夫，所以我肯定会被他杀死。可是，我希望自己死得像个一流的茶师。因为茶师才是我在生活中的真实角色。"

剑道师傅听罢，便让茶师先泡一壶茶给他喝，说喝完茶就教给他。

茶师心想："这大概是我一生中最后一次泡茶了，我要专心地用自己毕生的功力泡一壶好茶。"

茶师毕恭毕敬地端上泡好的茶。剑道师傅品尝后非常感动，说："我这辈子从未喝过这么好喝的茶。你待会儿去比武的时候，就保持你刚刚泡茶时的心态即可。"

茶师听了很高兴，就回去跟武士比剑。

茶师将腰带扎紧，高举着剑，双眼注视着武士。武士见状心生畏惧，暗自琢磨："对手原来武功这么高强！要是比武较量的话，估计我小命难保！"于是吓得丢掉剑，转身一溜烟儿地跑了。

从容淡定是一种不卑微的生存方式，也是一种不凡俗的人生境界。对生活巨大的热忱和信心是一种高格调的真诚与豁达，是一种直面人生的成熟与智慧。只要具备了这种淡然如云、微笑如花的人生态度，那么任何困境和不幸都能被锤炼成通向平安、幸福的阶梯。

在五彩斑斓的大千世界里，要想做到从容淡定，并非一件轻而易举的事情。当我们能够做到宠辱不惊、不卑不亢，又不为外界一切所干扰的时候，也就拥有了从容与淡定。只有拥有从容的心态，方可在粗茶淡饭的境遇中尽享生活之乐；只有拥有淡定的心态，方可在喧哗热闹的世俗中持有一种"众人皆醉我独醒"的超凡境界。

既然无法定义世界，那就学会接纳吧

其实很多时候，我们觉得生活乏味无趣，是因为在我们心目中，总是对生活提出太高的要求，不肯接受生活的真实面目。只要我们摆正心态，告诉自己，生活本来就是如此，有苦有甜，那么我们就会变得充实和乐观起来。

在古希腊神话中，有一个关于西西弗斯的故事。在天庭中，西西弗斯犯了法，所以被天神惩罚，降到人世间来受苦。天神对他的惩罚是：他必须推一块石头上山。每天，西西弗斯都得使出九牛二虎之力将那块石头推到山顶，然后才能回家休息。不幸的是，在他休息时，石头又会自动地滚到山脚下。于是，西西弗斯又得重新将那块石头往山上推去。

这样，西西弗斯所面临的是永无止境的失败。天神惩罚西西弗斯的，也就是要折磨他的心灵，让他在"永无止境的失败"中受苦受难。每次，在他推石头上山时，天神都打击他，告诉他："你是不可能成功的。"然而，西西弗斯并不甘于在成功和失败的圈套中被束缚住，他一心想着：推石头上山是我的责任，只要我把石头推上山顶，我的责任就尽到了，至于石头是否会滚下来，那跟我无关。而且，当西西弗斯努力地推石头上山时，他心中显得十分平静，因为他安慰着自己："明天还有石头可推，明天还有事干，明天还有希望。"

西西弗斯每日都在尘土飞扬的环境中度过，弄得满身大汗，尽管如此，他也不觉得有多么难以忍受，他觉得这就是他的生活。

这时，天神觉得既然西西弗斯已经不再认为这是"劳役"，那么这种"惩罚"对他来说也算不上是"惩罚"了。

其实，很多缺乏幸福感的人都不能清晰地"洞察世事"。他们总爱从主观上认定现实应该是什么样子，可现实却偏偏不像他们所认为的那样，通常也不会按他们所期许的方向发展下去，于是现实中就难免会有各种不如意让他们耿耿于怀，气郁结心。他们总在希望和要求，要求生活应该如何，希望别人应该怎样，唯独忽视了要求自己。他们没有要求自己认清生活的本来面目，并积极地去适应当下的生活。

从前，有一名石匠，他总是叹息自己生活得太累，太贫穷，希望自己变成有钱人。一天，还真出现了一个精灵。这个精灵告诉石匠："我能帮你实现愿望。"于是，石匠对精灵说："我希望成为一个富翁。"结果，石匠果然变得富甲一方了。他再也不用挥汗如雨地开山凿石了，他所拥有的金钱能够买到他想要的东西，他觉得自己是天底下最幸福的人了！

然而，没过多长时间，就到了夏季。这个夏季炎热至极。这让他觉得太阳的威力太猛了。"我希望变成太阳！"他许愿道。精灵实现了他的第二个愿望，让他变成太阳，光芒照耀着全世界。不过，几朵云飘过来，就挡住了他的光芒。

于是，石匠感叹："它们比我还要强！"然后，他又对着精灵许愿："我希望变成了一朵云，云还可以变成雨水，把许多东西都淋湿冲掉。"

没过多久，石匠又注意到山峦并没有被他的雨水冲掉，因为山依然是纹丝不动。"山比我还强大！"他大呼起来，于是又许愿变成一座山。自然，他的愿望又实现了，他高兴了一阵子。

可是，有一天，他发现脚下传来"叮叮当当"的敲击声，哦，是一名石匠！他正在敲开山上的石头。"怎么可能！"他喊道，"我是一座山，但他却比我强，我希望我变成石匠！"于是，他的第五个愿望实现了，他又回到了当初的出发点，只不过现在他已经不再计较自己的生活了。

生活中很多人未尝不是如此，日复一日地哀叹着生活的劳累与无趣，可是如果静下心来想想生活本来就应该是这样的，那颗委屈的心就容易变得平静和喜悦起来。平凡的生活其实才是最本质的生活，学会享受当下的生活吧。

即便遭遇绝境，也要有股"不服输"的劲儿

在人生的征途上，需要携带的东西很多，但有一样东西千万

别遗忘，那就是充满希望的"不服输"的阳光心态。

话说世界上有一种极其古老的杨树，一向有"大漠英雄树"的美誉，它凭借着强劲的生命力而广为人知，它的名字叫胡杨。胡杨树对生命的执著和渴望是非常独特的：生，千年不死；死，千年不倒，倒，千年不朽。这就是胡杨树的品性，一种"不服输"的气概不言自明。

如果胡杨也通人性的话，那么，它这种"不服输"的阳光心态是极为珍贵的。草木亦能如此，何况人呢。"不服输"的心态好比是孕育生命的种子，能够随处发芽。一个人只要抱有希望，人生就不会陷入穷途末路。我们必须清楚，一个人不可能总是一帆风顺的，在时运不济时永不绝望的人，才有可能咀嚼到生命的真味，享受到走出绝境后的幸福。

绝望，从形式上讲是听天由命，从本质上讲是自断生路。如果期望走向康庄大道，万万离不开永不绝望的精神。而永不绝望，则需要你坚信天无绝人之路，选择之后依旧会有选择，而每一种选择都孕育着希望的胚芽。唯有如此，才能以坦然的心态来面对选择，才能审时度势，以理性的力量来对待选择。

李·艾柯卡是一位聪明人，他曾担任过福特汽车公司的总经理，后来又担任克莱斯勒汽车公司的总经理。艾柯卡有一句非常有名的座右铭："奋力向前。就算时运不济，也永不绝望，即便天崩地裂。"1985年他发表了自传，广受读者欢迎，上市发行后，该自传成为非小说类书籍中有史以来最畅销的书，印数高达一百多万册。

艾柯卡除了享有成功的欢乐，也有挫折的懊丧。他的一生，用他自己的话来说，叫作"苦乐参半。"1946年8月，21岁的艾柯卡来到福特汽车公司成为一名见习工程师。然而，他对和机器做伴，做技术工作兴趣度并不高，他更喜欢跟人打交道，他的梦想是经销。

艾柯卡凭借自己的努力，由一名普通的推销员升到了福特公司的总经理。然而，1978年7月13日，他被炒了鱿鱼。当了8年的总经理、在福特工作已32年，一帆风顺，从未曾在其他单位工作过的艾柯卡，突然间失业了。昨日他还是英雄，今天却像一位麻风病患者，人人都对他避而远之，过去公司里的所有朋友都抛弃了他，这是他生命中最大的打击。"艰苦的日子一旦来临，除了做个深呼吸，咬紧牙关尽其所能外，实在也没有其他的选择。"艾柯卡如此奉劝自己，事实上，他也是这么做的。他没有倒下去，他接受了一个新的挑战：应聘到濒临破产的克莱斯勒汽车公司出任总经理。

艾柯卡，这位在世界第二大汽车公司当了8年总经理的事业上的强者，凭他的智慧、胆识和魄力，大刀阔斧地对企业进行了整顿、改革，并向政府求援，舌战国会议员，取得了巨额贷款，让企业雄风重振。1983年8月15日，艾柯卡将面额高达8亿1348万多美元的支票交给银行代表手里。这时，克莱斯勒将全部债务偿还完毕，而恰恰是5年前的这一天，福特将他开除了。

假如艾柯卡不是一个坚忍的人，不敢勇于接受新的挑战，在巨大的打击面前一蹶不振、自暴自弃，那么他就是一名普通的下岗职工。正是不屈服于挫折和命运的挑战精神，正是潜在心底那"不服输"的劲头，让艾柯卡成为了一个被世人敬仰的英雄。在现实生活中，我们也需要有永不绝望的精神，这样我们才能利用忍耐去等待机遇、寻找机遇、创造机遇，才能走出"山重水复疑无路"的迷茫，体验到"柳暗花明又一村"的豁然开朗。

第五辑

优秀的人从不咒骂黑暗，只会燃起明烛

抱怨只会限制我们的思维，让我们变得"近视"。如果一个人对自己目前的境遇不满意，唯一的办法是通过努力让自己战胜环境、改善环境。奥地利小说家茨威格说过："机会看见抱怨者就会远远避开。"喜欢抱怨的人在这个世界中是没有立足之地的。

只有捡到足够的砖头，才能造好命运的房子

有一个人自以为非常有才华。由于一直得不到重用，他每天都露出一副愁眉苦脸的表情。

一天，他终于忍不住，跑到上帝那里质问道："命运凭什么对我这么不公？"

听完这个人的抱怨，上帝一句话也没有说，只是捡起了一颗不起眼的小石子，并将其丢掷到乱石堆中。

然后，上帝对这个人说："我刚才扔掉的那颗小石子，麻烦你帮我找到它吧。"

这个人虽然觉得上帝答非所问，而且上帝所做出的举止也令他费解，不过他还是照做了。然而，最终他翻遍整个乱石堆，也没有找到那颗小石子。

上帝见此情景，将自己手上一枚戒指摘了下来，然后以同样的方式投掷到了乱石堆中。结果这一次，那个人迅速找到了上帝的戒指——一枚褶褶生辉的金戒指。

尽管上帝这次没有说什么，但是这个人却顿时醒悟了：当自己还只不过是一颗石子，而不是一块闪着亮光的金子时，就永远不要抱怨命运对自己不公平，而应该努力将自己变成金子，这才是当务之急。

在《武林外传》播出之前的多年中，闫妮作为一个名不见经传的演员，拍了不少戏，但几乎都是小角色，有时只有几句台词。成名后的闫妮说："我认为金子是一定会发光的，但这个前提就是你要坚持，要去努力。如果你每天怨天尤人那不行，但是保持一个好的心态，去坚持、去拼搏，你一定会有成功的那一天。其实我觉得老天爷是很公平的。"

索尼公司创始人盛田昭夫曾经讲过这么一个引人深思的故事。

在索尼公司，东京帝国大学的毕业生向来十分受欢迎。有一名叫大贺典雄的帝国大学高材生，是一位颇有才华的年轻人。大贺典雄加入索尼公司之后跟盛田昭夫有过很多次争论，由于大贺典雄的直言无忌，盛田昭夫很是欣赏与器重他。

令所有人大跌眼镜的是，有一天，盛田昭夫竟然将大贺典雄下放到了生产一线，给一位普通工人当学徒。这出乎很多员工的意料，还有些人甚至怀疑大贺典雄什么地方把盛田昭夫给得罪了。当然，也有一些人为大贺典雄感到不平，但大贺典雄对此并没有什么抱怨之词，只是报以微笑。

过了一年，更出人意料的事情发生了，还是学徒工的大贺典雄竟然被直接提拔为专业产品总经理，令其他员工费解不已。

在一次员工大会上，盛田昭夫为众人揭开了谜底："要担任产品总经理，需要对产品有绝对清楚的了解，这就是我将大贺典雄下放到基层的关键。让我欣慰的是，大贺典雄在他的岗位上兢兢业业，做得甚好。不过，让我坚定提拔念头的是整整一年，他在又累又脏的工作环境下不仅毫无牢骚与抱怨，反而甘之若饴。"

听完这一席话，人们恍然大悟，纷纷报以热烈的掌声。5年后，也就是在大贺典雄34岁那年，他成为了公司董事会的一员，这在因循守旧的日本企业，是非常难得一见的。

面对生活中的不如意和不公平，抱怨是无济于事的，也是苍白无力的。抱怨只会限制我们的思维，让我们变得"近视"。如果一个人对自己目前的境遇不满意，唯一的办法是通过努力让自己战胜环境、改善环境。奥地利小说家茨威格说过："机会看见抱怨者就会远远避开。"喜欢抱怨的人在这个世界中是没有立足之地的。

坚持向前走，哪怕碰到墙壁都是好事

海明威的名著《老人与海》里面有这样一句话："英雄可以被毁灭，但是不能被击败。"

尼采说过这样一句名言："受苦的人，没有悲观的权利。"

英雄的肉体可以被毁灭，但是精神和斗志不能被击败。受苦的人，因为要克服困境，所以不但不能悲观，而且要比别人更积极！在冰天雪地中历险的人也都知道，凡是在中途说"我撑不下去了，让我躺下来喘口气"的同伴，必然很快就会死亡，因为当他不再走、不再动，他就会很快被冻死。

在事业的战场上，我们不但要有跌倒之后再爬起来的毅力和拾起武器再战的勇气，而且要从被击败的一刻，就开始新的奋斗，甚至不允许自己倒下，不允许自己悲观。只要这样，我们就不是彻底输，只是暂时地"没有赢"罢了！

有位外资企业老总的办公室里，各种豪华的摆设、考究的地毯、忙进忙出的员工似乎在告诉参观的人，他的公司成就非凡。殊不知这位老总成功的背后，却藏着鲜为人知的辛酸史。他在创业之初的头半年，就把所有存款都用光了。他因为付不起房租，一连几个月都以办公室为家。他因为坚持实现自己的理想，而拒绝了几家跨国企业的高薪诚聘。他曾被顾客拒绝过、冷落过，欢迎他、尊敬他的客户和拒绝、冷落他的客户几乎同样多。

　　8 年艰苦卓绝的努力，他没有一句抱怨，他时常对手下员工们说："我还在学习啊。这是一种无形的、捉摸不定的生意，竞争很激烈，实在不好做，但不管怎样，我还是要继续学下去。"有一位员工看到他的老总清瘦但刚毅的面容，忍不住问："这几年来您感到过疲倦吗？"他大笑，说："没有，我不觉得辛苦，反而认为这些年的经历是受用无穷的经验。"

　　这是一个成功者平常心深刻的再现，他认真、踏实、肯干。我们完全有理由相信，彪炳的功业无一不受过无情地打击，只是这些成功者能够坚持到底，才终于获得辉煌成果。

　　天底下没有不劳而获的果实，如果能不惧种种困难与失败，绝不轻言放弃，那么，你也可以达到成功。

　　不管做什么事，只要放弃了，就没有成功的机会；不放弃，就会一直拥有成功的希望。

　　遇到困难，有的人在一个月之后放弃，在两个月之后放弃，在三个月之后放弃……这些人抱着这样的习惯和态度，是不可能成功的，因为放弃本身也是一种习惯。放弃，代表你对困难的恐惧，对成功的恐惧。你恐惧成功，成功自会远离你。

　　不要因所谓的困难而变成一个抱怨的懦夫。当你尽了最大的努力还没有成功时，请不要放弃，只要开始另一个计划就行了。

　　希腊一位名叫戴莫森的演说家，在他小时候，由于口吃，说话吐字不清晰而自感到羞于见人。戴莫森的父亲留下一块土地，希望儿子富裕起来。然而，希腊当时有一条法律规定，某人在向社会公众声明土地所有权之前，首先要在公开的辩论中战胜所有人，否则，他的土地就会被没收，由政府公开拍卖。口吃，加上性格内向，戴莫森在辩论赛中败下阵来，失去了那块土地的所有权。在这次事件的严重刺激下，戴莫森认识到，失败很难使人坚持下去，而只要不放弃，成功就容易继续下去。从此他发奋努力，创造了希腊有史以来的演讲高潮。戴莫森成功了，他从此受到许多有同样口吃的老人、青年和孩子的崇拜。

拿破仑·希尔说，在放弃控制的地方，是不可能取得任何有价值的成就的。轻言放弃是意志的地牢，它跑进里面躲藏起来，企图在里面隐居。放弃带来迷信，而迷信是一把短剑，伪善者用它来刺杀灵魂。

不管你做什么事情，如果你选对了行业，如果你切实渴望成功，只要你不放弃，就会到达成功的彼岸，幸福女神就会垂青于你。

有的人为了实现自己的梦想，可以坚持1年、2年，甚至10年、20年，有的人则能够坚持一辈子，至死不渝。在能坚持到底的人眼里，想要成功就不能放弃，放弃就一定不会成功。

你若不是逼迫自己走向失败、悲哀，就是正引导着自己攀向成功的最高峰，这完全取决于你如何去做，如何去想。如果你要求自己获得成功，并采取明智的行动，那么你定会获得成功。

每个优秀的人背后都有一段弯路

我们从呱呱坠地那一瞬间开始，就注定人生的路是弯的。当然，谁都想一马平川获得成功，没有哪个人想走弯路。然而，我们每个人都会待在弯道区，不同的是时间长短罢了。这弯曲的道路上有酸甜苦辣相伴。要想获得成功，抱怨肯定是行不通的。聪明的人从来都是善于将弯路变为成功的机遇，进而成就自己的辉煌，从人生底谷走向人生的巅峰。

那么，我们如何才能把弯路变为成功的机遇呢？

1.想法设法让自己的心冷静

我们要想尽一切办法冷静自己的心，方能将弯路变成新的机遇。在儒家看来，一个人静心后就能安定身心，安静后就能心理平衡，心理平衡后就能认真考虑问题，考虑细致了，应对起事情来才气定神闲，自然容易让事情朝着自己理想的方向发展。

当一个人处于紧张、愤怒、忧郁等负面情绪中时，将注意力集中于手头上的事情是极其不容易的，更别说是进行清晰地思考，获得让人羡慕的成绩了。不管遇到什么事情，头脑保持冷静、沉着，有良好的自控力，都有助于将注意力汇聚到手头上的事。如此一来，你的思维才会清晰起来，你才有可能更有效率、更富有成果地思考问题，从而为走向成功创造基础。

通常情况下，成功人士在对某些事、某些人感到困惑、担忧、生气时，很少因受到不良感觉的阻碍而做出过于鲁莽的决定。他们首先想到的是给头脑降温。事实上，一个人遭遇不幸时，完全可以试着告诉自己："我对……很困惑（生气、紧张等等），尽管如此，这也没什么，我还可以……"，先在思想上摆脱令人不快的事，接下来才有可能积极思维，在现实中真正地摆脱负效应，驶出弯路区，向着成功之路迈进。

2.就算是环境不好，也要努力提高自己的素质

一位渔夫在最糟糕的时节出海，时常都能满载而归。那帮年轻捕手们很是羡慕，便虚心向他请教捕鱼的秘籍。渔夫笑着说："把船向前多划几里路吧！"然而，小伙子们常常累得半死，回来后依旧收获甚微。他们私下里计较说："咱们的运气呀，总是不如这老头儿好！"

渔夫的儿子长大了，也要出海。他问父亲："你的运气为什么总是那么好呢？"渔夫说："什么运气！你得学会看风辨云观水色，就算是几朵浪花，有时也透着有鱼的气息。很多技巧我说不清，你得自己去研究、去悟；这些东西掌握不了，即便是每天绕太平洋一圈，也难撞到'运气'！"

这则故事启示我们，将弯路变成新的机遇的方法很简单，只要勤勉地多下苦功，努力提高能力就可以了。对于运气，越是无能的人越想依赖它。其实一个人只要多付出一份勤劳，获得灵感与受成功青睐的机会就会多一些，脚踏实地地去做事，走好每一步，提高自己的素质，努力发展某一方面的超常能力，就算不去撞运气，运气也会主动来撞你。

3.不要追随别人或者模仿别人

不要追随别人或者模仿别人。你可能在无意识中有类似的意愿，但是一定要刻意地想出新的观点和看法，开辟新的途径。不然，一旦别人走入了弯路，你也跟随着涉足过去，亦步亦趋，除非这个人在走弯路的过程中及时发现不妙，并及时予以纠正，否则你也将走很长的一段弯路。

4.管理好自己的时间，不让时间白白消耗掉

在有限的生命里，时间一旦被你无所事事地蹉跎了，就再也没有了。时间老人不会给你重来一次的机会。要想走向成功，将弯路变为成功的机遇，就必须管理好自己的时间，最重要的措施之一是大大减少你无端消耗掉的时间。

弯路是走向成功的机遇。从这一秒开始，让我们将人生的每一个弯路变为成功的踏脚石吧。我们的人生会因此而大有作为。

扛得住失败，并学会为失败唱赞歌

挫折和失败，都是成功道路上不可或缺的伴侣。人不经磨练不成才，一切挫折和失败，都为崛起提供了不可多得的思考和契机。一位作家说："对苦难的一次承担，就是自我精神的一次壮大。"每一个有识之士、有志之士，都应该受得住失败，不应被一时的失败打倒，不应在挫折和失败面前逃遁、沉沦，而应在挫折和失败中崛起、抗争。

罗曼·罗兰是18世纪著名作家、社会活动家、音乐家。小说《童年的恋爱》是罗曼·罗兰的处女作。当他将这篇作品送给当时一位权威批评家过目时，曾备受打击。尽管他一时气得将原稿撕得支离破碎，但他并未被失败打倒，继续坚持写作，终成一代名家。

盖叫天是中国著名京剧表演艺术家。想当年，他为了表现武松的英姿，曾在眼皮中间撑两根火柴棒来练习眼睛睁得滚圆。为了让腿部看起来挺拔，他行走时都会在腿弯处绑上两根削尖的竹筷子。遍尝辛酸苦辣，经历各种挫折与失败后，他最终成就了舞台上的"活武松"。

有一位名叫蒂姆·迪克的年轻人。他从祖父那里继承了一座庄园。没过多久，一场突如其来的雷电引发了山火。大火将这座美丽的"森林庄园"烧毁了，于是蒂姆·迪克愁眉不展。他经受不住这个打击，整天将自己关在房间里沉默不语，茶不思，饭不想，难以入眠，眼睛都熬出了血丝。

过了一个月，年事已高的外婆听说了这件事，语重心长地打电话给蒂姆："亲爱的，庄园变成了废墟并不是最糟糕的事情，糟糕的是，你让双眼没有了光泽，变得像老年人一样。试问，一双老去的眼睛，如何可以看到希望？"

蒂姆在外婆的谆谆教导下，一个人走出了庄园。

他毫无目的地溜达，在一条街道的拐角处，他瞧见一家店铺的门前围了很多人。他走上前去一探究竟，原来，是一些家庭主妇正在排队购买木炭。那一块块躺在器皿中的木炭让蒂姆眼前一亮，他看到了一丝希望。

在接下来的半个月中，蒂姆请来了10位烧炭者，让他们将庄园中烧焦的树木加工成上等的木炭，转送到集市上的木炭经销店。

结果，这批木炭很快就被人们抢购一空。除去支付烧炭者的薪酬，落入蒂姆口袋的钱很是丰厚。后来，他拿这笔利润购买了一大批新树苗，雇佣人手重新栽种。渐渐地，一个新的庄园初具规模了。没过几年，"森林庄园"便又呈现出一片盎然的绿意。

当出人意料的挫折或失败向我们袭来时，当我们被不幸的遭遇压得无从喘息时，不要恐慌，不要一蹶不振，更不要去抱怨，而应伸出双手，驱散心头上的那团云雾，这时候天上的太阳，自然就会敞亮地照进我们的心扉。

比别人更努力，积累比钱更重要的资本

如果有人问沃尔玛百货公司的董事长山姆·沃尔顿成功的秘诀是什么，他会说："比别人更努力。"

如果有人问世界富豪保罗·盖蒂成功的秘诀是什么，他会说："比别人更努力。"

如果有人问微软公司前总裁比尔·盖茨成功的秘诀是什么，他会说："比别人更努力，然后找一群努力的人一起来工作。"

如果有人问每个成功的人士成功的秘诀是什么，他们都会说："比别人更努力。"

努力是成功的秘诀，而且是成功必须付出的代价，要想比别人优秀，就要比别人更努力。

每一个成功者都是非常努力的，成功者有成功的方法，可是成功者一定是努力的。

一个伟大的艺术家要成就一件传世之作，不知道要吃多少苦头，不知道要经历过多少年的磨炼；一个作家要成就一部优秀的作品，不经过几番痛苦的思考是写不出来的；一支部队要赢得一

场战役的胜利，需做出巨大的牺牲。这些画家、作家和战士，都是用艰苦的努力和辛勤的汗水铸就了荣誉的桂冠。

奈迪·考麦奈西是第一个在奥林匹克体操比赛中获得满分的运动员。他说："我常对自己说，我一定能做得更好。要成为奥林匹克的冠军，你就得有不凡的地方，要比别人更吃得了苦。我不要过普通而平庸的生活，所以给自己确立的生活准则是：'不要想过简单容易的生活，而要追求做一个坚强有实力的人。'"

真正的冠军都明白，不论有多么充分的借口，任何失败都是自己懒惰的后果。

"当一个人觉得不满意、不舒服和受折磨的时候，他才会得到最好的磨练，"另一位金牌选手彼特·维德玛这样说，"每天，我都会把准备在体育馆里完成的项目列出清单，不管要花多少时间，没有把这些项目完成，我绝对不会离开。我每天的生活目标就是这样，只要走出体育馆，我都可以说今天已经尽力了。"

人才是磨练出来的，人的生命具有无限的韧性和耐力，只要你始终如一地脚踏实地做下去，无论在怎样的处境，都不放松自我，你便可以创造出令自己和他人都震惊的成就。

"跬步不休，跛鳖千里"，跛脚的鳖也能走到千里之外，因它总是不懈地向前走；"心坚石也穿"，态度坚决可以穿透顽石，足见毅力的神奇。

成功的人永远比一般人做得更多，当一般人放弃的时候，他们总是在寻找改进的方法，他们总是希望更有活力，产生更大的行动力。有的人每天吃过量的饭，睡过头的觉，不做运动，不学习、不成长，每天都在抱怨，这又何谈行动力？记住，成功永远不在于一个人知道了多少，而在于采取了什么行动去做。

所有的知识必须化为行动，因为只有行动才有力量。

我们是凡人，生命不是无限的，不可能放弃自己的一切去听从别人的想法，由别人操纵我们的一生，否则到一定的时候，我们就会悔恨自己，也埋怨他人。与其如此，不如从现在开始就学会去计划自己的生活。

还等待什么呢？

永远不说自己是个"倒霉蛋"

字典里把抱怨定义为"表达悲伤、痛苦或不满"。笔者对抱怨的定义是："对现存问题的过分关注和陈述，而不是对解决方式的寻求。"

"他说话欠考虑"只是一个关于事实的陈述，不是抱怨。而"他说话不经大脑，把事情搞砸了"就是一句抱怨，这句话暗示了说话者对这种状态有消极的感受。

在大多数情况下，我们之所以抱怨，主要目的是要表明自己的利益被侵犯了。抱怨中隐含的意义就是"你（或者周遭环境、天气等跟你有关的其他东西）居然敢如此待我"。我们要做的就是明白一件事：大部分抱怨都包含着一种消极情绪。

爱抱怨的人必然经常情绪不佳。在这样一种精神状态下，他又怎能做好自己的工作，过好自己的生活？我们大多数人最爱犯的毛病就是：当事情不顺利时，首先就去埋怨别人，而从不检讨自己。别把自己当成倒霉蛋，与其咒骂黑暗，不如在黑暗中燃起明烛。不是吗？

大多数人都不明白，如果他们能组织自己的语言，用一种积极的方式来表达自己的意愿，得到满足的几率会比抱怨大得多。

时机到了，命运自会主持公道

依照那些常抱怨的人的看法，尼采应该抱怨他的相貌丑陋；拿破仑应该抱怨他的身材矮小……然而，这些人并没有丝毫抱怨。在很多时候，囚禁你的不是别人，正是你自己，是你自己那不健康的心态和偏激的态度。我们要记得，不抱怨是强者的生存哲学：优秀的人不抱怨，抱怨者不会优秀。嘲弄和抱怨只是慵懒、懦弱、无能的诠释。

1894年，朝鲜爆发了一场农民战争。

半个世纪后，朝鲜作家朴泰源打算将这一段波澜壮阔、可歌可泣的历史用文字呈现出来。

有了这个计划，朴泰源便夜以继日地忙碌起来。他的工作节奏是那么快，时常废寝忘食。或许是因为他太过于折磨自己的双眼了，渐渐地，他的眼睛好像有一层东西蒙住似的，视力下降非常快。医生检查的结果是，他患上了双眼视神经萎缩和色素性视网膜炎。医生特意规劝他马上放下手中的工作，好好休息、定时检查，并及时进行治疗。

对专家的好心规劝以及周围亲朋好友的善意关心，朴泰源心怀感激，并且也反反复复地思忖过，不过他却怎么也放不下手中的笔，他觉得自己不能工作到一半就停下了。他决心争分夺秒地跟黑暗降临之前的时间赛跑。

朴泰源的视力越来越差，不幸的时刻还是到来了。

一天，他正在阳光普照的书房中专心整理资料，忽然感到眼前一片黑暗。他诧异地询问妻子："亲爱的，出了什么事？为什么天一下子就变黑了呢？"妻子无言以对，她只能尽力控制着自己的情绪，避免自己哭出声音来。因为她心里明白，她亲爱的老公这会儿已完全失明了。她盼望着出现奇迹：一瞬间老公会突然重见光明，她多么希望眼前发生的一切是在做梦。然而，书桌上的闹钟在嘀嗒嘀嗒地作响，既没有什么奇迹出现，也不是梦境一场。

朴泰源明白发生了什么后，安慰妻子说："亲爱的，别难过，太阳躲进了我心中，跳进我脑中了，我永远在光明之中。"

依照妻子的赚钱能力，养活老公并不难，而且单位也同意承担朴泰源将来的一切生活开支。然而，朴泰源偏要和自己较劲儿，他还要继续创作。他开始了一场与厄运的搏斗。他请人做了一块面积跟稿纸相近的硬纸板，在板上刻下横的竖的空格，安装上可以固定稿纸的小夹子。朴泰源利用自己"发明"的这个工具，重新开始了他的写作生活。

妻子每天早晨上班之前，给他准备好纸和笔，晚上回来帮他校对，誊清当天的手稿，然后念给他听。妻子一边念，一边依照他的要求予以修改，直到他彻底满意才罢休。

没想到的是，命运再一次跟朴泰源过不去。1975年，正当他在艰难中坚持创作的时候，左半边身体瘫痪了；过了没多长时间，右半边身体也完全没有了知觉。接下来，双手也不听大脑使唤了，最后仅仅剩下一张能发音的嘴巴。尽管如此，他没有丝毫抱怨，也从没想过向命运投降，而是继续致力于他的创作。

他安静地躺在床上，口中逐字逐句地说着小说的情节，让别人代为记录。身边的人看到朴泰源艰难、痛苦的模样，无不为他难过，他却反过来安慰他们说："别难过啦，疾病给我留下的时间不是很充裕了。别人过一秒，对我而言，等于过十年，只要我能争取这一秒一秒的时间，让它来帮助我完成我的理想，我就感到无比幸福了。"

不知过了多少充满酸楚的日子，长篇巨著《甲午农民战争》的第一卷终于在1977年4月出版上市了。又经过异常艰苦的三年多时间，小说的第二卷也脱稿出版了。朝鲜政府为此授予他两枚国家一级勋章，并赞誉他是"朝鲜的奥斯特洛夫斯基"。

在现实生活中，有很多事情我们无力改变，因此我们必须学会去接受它们，从最乐观的角度来审视它们，而不是整日抱怨那些我们无力改变的事情。很多时候，我们与其毫无意义地抱怨、唠叨、斤斤计较，不如像朴泰源那样，去努力寻找那些值得欣赏的东西，赞美它、支持它、拥护它、理解它。这样不久，你将会发现结果大不相同。

第六辑

赶走负面情绪，活出个人样来

心理学家詹姆斯说："我们所谓的灾难很大程度上可以归结于人们对现象采取的态度，受害者的内在态度只要从抱怨转为奋斗，坏事就往往会变成令人鼓舞的好事。"幸福，不仅是收获得多，也是抱怨得少。于人不苛求，遇事不抱怨，只有善于驾驭自己情绪的人，才能获得平静，感受到幸福的味道。

亲爱的，其实人人都有不如意

生活不是一定要有惊天动地的情节，才叫精彩；感情也并非一定要有山盟海誓，才算真爱。

相信有很多人都会盲目而不切实际地羡慕偶像剧里那些男女主角多彩多姿、丰富多变的感情生活。其实，每个人都是这个世界上独一无二的个体，谁也无法被他人复制与取代，就如同世上没有两个指纹一样的人。

任何一个人都有一条属于自己的人生轨道，无论你这一路上会遭遇到什么样的喜怒哀乐，都是经过量身定做，只适合你自己去体会的戏份。

通常大部分的人都只是节选自己羡慕的对象以及想要模仿的部分。但所谓家家有本难念的经，你所钦羡的对象在你看不到的另一面，有什么样的烦恼与缺憾，你不会知道，或者你也不会感兴趣。

什么叫作平淡无奇如白开水般的日子？你每天上学固定坐同一班地铁，或许当天出门前还跟妈妈怄气，接着中午吃几十块钱的快餐，上课时与同学间发生些小争执，到了周末跟男（女）朋友人挤人地看场电影，在假日的夜晚上网聊天，或者参加朋友在KTV举办的生日聚会等。以上这些日常生活中的琐碎细节，全部加起来，就已经算是一种人生戏剧，你已经在演以自己为主角的偶像剧了。

电视中的偶像剧，因为收视率与时间的压力，它必须把真实的时间浓缩，然后以紧凑的剧情与经过渲染的情节去铺陈故事内容，如此才会有所谓的收视率以及伴随而来的广告收益。

这就像你可以透过一场短短一小时半的电影观赏一个人长长的一生，或者了解一个民族的兴衰、一个年代的更迭。但是，真实的人生是琐碎、冗长而沉闷的，甚至在生活中会有很多机械式的重复。这些所谓平凡单调的日常生活，在讲究戏剧冲突与张力的偶像剧里，是不可能演出与交代的。

不要一直抱怨自己所不能控制与拥有的一切，每个人都在演出自己独一无二的偶像剧。在这场戏里，你的角色与戏份没有人能够取而代之，你需要真正发自内心地接受自己现在所能拥有的一切，不管是外貌、身材、学历、朋友圈跟工作环境，以及家世背景，所交往的对象等等，否则你就会永远没有快乐的一天。

因为，一个人最大的悲哀，就是不愿意当自己。

失意不失志，因为这就是成长的代价

常听人说，"心想事成""万事如意"，实际情况却常常相反："心想难以事成""不如意事常有八九"。喜怒哀乐，人之常情，但是如果不加以调节，让不良情绪长期左右自己，就会有损健康，甚至使人失去生活的信心。

现代心理医学研究表明，人的心理活动和人体的生理功能之间存在着内在联系。良好的情绪状态可以使生理处于最佳状态，反之则会降低或破坏某种功能，引发各种疾病。俗话说："吃饭欢乐，胜似吃药。"说的就是良好的情绪能促进食欲，有利于消化。心不爽，则气不顺；气不顺，则病易生。难怪有的生理学家把情绪称为"生命的指挥棒""健康的寒暑表"。

医学专家认为，良好的情绪本身就是良医，人体85%的疾病可以自我控制。只要心情愉快，神经松弛，余下的15%也不全靠医生，因为病人的情绪和精神状态是个不可忽视的重要因素。所以，每个人都应做自己情绪的主人，保持愉快的心情，调节好情绪，提高适应环境的能力，保持乐观向上的精神状态。

保持一颗平常心，做到仁爱、平静、理智、乐观、豁达，不以物喜、不以己悲，想得开、想得宽、想得远，对名利得失采取超然物外的态度，一切顺其自然，处之泰然。把风风雨雨、飞短流长统统置之脑后。对那些不愉快的事情，要拨开迷雾，化忧为喜，因为不管你遇到什么不顺心、不如意的事，如果整日愁眉不展，不但于事无补，反而有损身心健康。

法国作家大仲马说："人生是一串用无数小烦恼组成的念珠，乐观的人是笑着数完这串念珠的。"一个人如果能乐观地对待不如意的事，自然会烦恼自消，愁肠自解。

其实，有很多时候是我们自己给快乐设定了障碍，因此，不妨给自己提一个建议：不要为享乐设定先决条件。

不要对自己说："等我赚到一万美元，我才可以好好享乐。"

不要说："等我上了那架飞往巴黎、罗马、维也纳的飞机，我就高兴了。"

不要说："等我到了60岁退休时，我就能躺在安乐椅上享受日光浴……"

享乐不应该有"假如"等限定条件。

每天的一个基本目标是：你有权自娱，不论你是一位百万富翁还是一个身无分文的流浪汉。

一个脆弱的百万富翁可能会对自己说："如果有人把我的所有积蓄夺去，那就没有人会理我了。"

人世间，并非无烦恼就快乐，亦非有快乐就没有烦恼。创造快乐可用以下方法。

1.精神胜利法

这是一种有益身心健康的心理防卫机制。在你的事业、爱情、婚姻不尽如人意时，在你因经济上得不到合理对待而伤感时，在你无端遭到人身攻击或不公正的评价而气恼时，在你因生理缺陷遭到嘲笑而郁郁寡欢时，你不妨用阿Q的精神调适一下失衡的心理，营造一个祥和、豁达、坦然的心理氛围。

2.难得糊涂法

这是心理环境免遭侵蚀的保护膜。在一些非原则性的问题上"糊涂"一下，无疑能提高心理的承受能力，避免不必要的精神痛楚和心理困惑。有这层保护膜会使你处乱不惊，遇烦不忧，以恬淡平和的心境对待生活中的各种紧张事件。

3.随遇而安法

这是心理防卫机制中一种心理的合理反应。培养自己适应各种环境的能力，遇事总能满足，烦恼就少，心理压力就小。古人云："吃亏是福。"生老病死、天灾人祸有时会不期而至，用随遇而安的心境去对待生活，你将拥有一片宁静清新的心灵天地。

4.幽默人生法

这是调节心理环境的"空调器"。当你受到挫折或处于尴尬紧张的境况时，可用幽默化解困境，维持心态平衡。幽默是人际关系的润滑剂，它能使沉重的心境变得豁达、开朗。

5.宣泄积郁法

宣泄是人的一种正常的心理和生理需要。你悲伤忧郁时，不妨与朋友倾诉；也可以通过热线电话等向主持人和听众倾诉；也可进行一项你所喜欢的运动；或在空旷的原野上大声喊叫，既能呼吸新鲜空气又能宣泄积郁。

6.音乐冥想法

当你出现焦虑、忧郁、紧张等不良情绪时，不妨试着做一次"心理按摩"——音乐冥想"维也纳森林"，坐"邮递马车"……

当然，创造快乐不仅仅只有以上几种方法，重要的是我们在生活、工作中要有一种平和、坦然的心态。

覆水难收，不要为打翻的牛奶哭泣

西方古代有一句谚语："别为打翻的牛奶哭泣"（Don't cry over spilled milk），意思是说，事情已不可挽回，就别再为它苦恼了。这句话看似简单，却有着非常深刻的含义。它其实告诉了我们一种不计较的心态。中国"覆水难收"这个成语说的也是这个意思。由此可见，中西方的智慧很多时候是相通的。

相传，唐朝著名高僧慧宗禅师对兰花喜爱至极，于是带着一群小和尚辛勤地栽培。第二年春天，满山开满了兰花，小和尚们都高兴得手舞足蹈。没想到的是，一场暴风雨之后，满山的兰花被乱七八糟地打倒在稀泥里，花朵撒得满地都是。

小和尚们见到这般景象，一个个忐忑不安地等待高僧的数落，并做好了领受责罚的心理准备。孰料，高僧听完却泰然自若，平心静气地说："我当初栽种兰花可不是为了计较，得到愤怒和埋怨，而是寻找爱好和乐趣。"小和尚们顿时醍醐灌顶，不由自主地对高僧宽广的胸怀而感到钦佩。这就是著名的"不是为了计较而种兰花"的故事。

兰花经过暴风雨的洗礼，已经是狼藉一片，那么，千般计较又有何意义？这个故事启示我们，在生活中要学会放下思想包袱，不必为丢失而找不回来的东西黯然伤神。只要我们将那些快乐的兰花栽种于心田，拥有了兰心蕙质，我们的心境必然会充满幸福与快乐。

"别为打翻的牛奶哭泣"，别人能做到，你也一定能做到。

励志大师戴尔·卡耐基事业刚起步那阵子，曾在密苏里州举办过一个成人教育班，因为没有经验又疏于财务管理，在他投入了大量资金用于广告宣传、租房、日常的各种开销之后，他发现尽管这种成人教育班的社会反响不错，不过自己所获得的经济效益却非常糟糕，几个月的辛苦劳动竟然回报甚少，收入仅仅刚够支出，可以说根本没什么收益。

卡耐基因为这件事郁郁寡欢，他不断地抱怨自己的疏忽大意。这种状态持续了很久，他整日愁眉苦脸，神情恍惚，根本就没办法静下心来将刚刚起步的事业继续下去。最后，卡耐基只能去找他中学时的老师乔治·约翰逊，向他寻求心灵方面的帮助。乔治·约翰逊意味深长地说："不要为打翻的牛奶哭泣。"

老师的这句话如同醍醐灌顶，居然令卡耐基的苦恼一下子消散，精神也随之振作起来。

"的确，牛奶被打翻了，已经淌光了，怎么办？是看着被打翻的牛奶伤心哭泣，还是去做点别的事？事实上，不论你如何后悔和抱怨，都没有办法取回一滴。要是事先想一想，加以预防，那瓶牛奶还可以保住，然而现在晚了。因为牛奶被打翻已成事实，不可能重新装回瓶中，现在所能做到的就是找出教训，然后将这些不愉快忘掉，倾心关注下一件事。"

这段话，卡耐基经常对学生讲，同样也经常用于自我告诫。

在现实生活中，有些人终日为过去的错误而悔恨，为过去的失误而惋惜。殊不知，沉溺于过去的错误之中，是事业成功的一大障碍。

"不要为打翻的牛奶哭泣。"毕竟，过去的已经过去，曾经就如"黄河之水天上来，奔流到海不复回"，再也没办法重新开始，没办法从头改写。为过去哀伤，为过去遗憾，只会让人劳心费神，分散精力，没有丝毫益处。恰如一位诗人所说："如果你仍然在为错过昨天的太阳而后悔，那么你将错过今晚的星星与月亮。"所以，只要调整心态，面对现实，你的生活就会更加快乐美好！

一枚鸡蛋碎了就碎了，无论如何观察它，念想着它，都不可能让它重新变成一个完整的鸡蛋了，还不如摆摆手，潇洒地告诉自己："碎了就碎了吧。"然后继续投入到新的生活中去。倘若心里成天想着它，如何也挥不去那个阴影，摆脱不了那种懊悔，为此反反复复辗转难眠，这样就等于是在将痛苦放大，将会给自己带来更大更多的失误。

让往事随风，不去计较，不去深究，过去的就让它过去吧！因为生活本身并不允许每个人身上背负太多陈旧的故事，人们也无须动不动就捣鼓出一些久远得都已经泛白的往事。那些或喜或悲的往事真的无须再提起。一切都只是因为它们与当下没有关系，只会让当下难过活。

记得著名的棒球手康尼·马克在谈及他对于输球的烦恼问题曾说："过去我常常这样做，为输球而烦恼不已。现在我已经不做这种傻事了。既然已经成为过去，何必沉浸在痛苦的深渊里呢？流入河中的水，是不能取回来的。"

是的，流入河中的水是不能取回的，打翻的牛奶也不能重新收集起来。记住过去的痛苦只会增加我们此刻的痛苦，而过去的幸福又会将我们感受现在的能力遮挡住。所以，不必计较在心，不必忧虑和悲伤，更不必流眼泪。

浮躁有一种力量，会令人不安

在我们的内心深处，总有一种力量让我们不安，让我们难以宁静，这种力量叫浮躁。

古时候有一位将军，他久经战场，看透了人世间的生与死。为了逃避喧嚣的战乱纷争，他打算以出家的方式来安度余生，于是他找到禅师并向禅师说清楚自己想要出家的原因，恳求禅师为他剃度。

没想到，禅师居然规劝道："将军，你先不要心急，我觉得你现在出家还没到时机，请施主三思而后行。"

将军以一副请求的口吻，对禅师说："您就满足我出家的愿望吧！我现在了无牵挂，能够将世间的一切统统抛弃，甚至包括我心爱的妻子与孩子。"

禅师心平气和地说道："施主，不要心急，你出家还不够真诚，你还有些浮躁。"

将军无可奈何，闷闷不乐地走回家。

第二天，这位将军为了表明自己的真诚之意，天刚刚发亮就赶到寺院请求禅师为他剃度。出乎意料的是，禅师却莫名其妙地问他："你来这么早，难道就不怕你心爱的女人在家红杏出墙吗？"

将军听后，恼羞成怒，破口大骂："你说什么鬼话呢！"

禅师微笑着说道："我昨天说你尚未到出家时机，因为你有些浮躁，现在你自己觉得呢？"

听完禅师的这番话，将军哑口无言。

浮躁堪称是成功、幸福和快乐的劲敌。事实上，浮躁不仅是人生的劲敌，从某种程度上说，还是各种心理疾病的源头，它有着多种表现形式，已经渗透到我们的日常生活和工作中。甚至可以说，人的一生就是与浮躁相斗争的一生。

有一块土坯，非常担心自己会被火烧。于是，在进窑之前偷偷从车上溜了下来。

这块土坯心想："就凭这暖暖的太阳，我根本用不着发愁晒不硬我。这个办法既舒适又保险，我干嘛要傻啦吧唧地忍受那烟熏火燎呢？"随后，它便固执地躺在地上，自由自在地享受着温暖的日光浴。

眼看着其他的砖出窑了，红通通的，硬邦邦的。不过，这块土坯不羡慕，也不着急。它感觉自己的身体也在慢慢变硬，只是没有那耀眼的红色。这块土坯太幼稚了，试问，不经过煅烧，土坯怎么会有红色呢？

假如仅仅是没有红颜色也就罢了。有一天，一场暴雨下来，土坯支持不住，化作了一摊烂泥。又过了几天，风吹雨淋，就再也看不见土坯的身影了。

不经千锤百炼，怎能坚硬如钢？那些心灵浮躁，害怕艰苦挑战而逃避困难的人，是经不住风雨考验的，也是没有办法做出一番辉煌事业的。浮躁让人们缺乏幸福感，缺乏快乐，太过于计较得失。其实，有些事情，一旦做了，结果并没有你当初想象的那样糟糕。

2003年，有一位毕业于加利福尼亚的大学生。在冬季征兵中，这位年轻人依法被征，即将到最艰苦也是最危险的海军陆战队去服役。

年轻人自从知道自己被海军陆战队选中的消息后，便一直忧心忡忡。在加利福尼亚大学任教的祖父见到孙子一副失魂落魄的样子，就开导他："孩子啊！这没啥好担心的，到了海军陆战队，你将会有两个机会，一个机会是留在内勤部门，一个机会是分配到外勤部门。假如你分配到了内勤部门，就根本没必要忐忑不安了。"

年轻人问祖父："那如果我被分配到了外勤部门呢？"

祖父说："那同样会有两个机会，一个是留在本土，另一个是分配到国外的军事基地。假如你被分配在本土，那又有什么值得担惊受怕的呢？"

年轻人问："那么，如果我被分配到了国外的基地呢？"

祖父说："那也还有两个机会，一个是被分配到和平友善的国家，另一个是被分配到维和地区。假如把你分配到和平友善的国家，那也是件值得高兴的好事。"

年轻人问："那要是我不幸被分配到维和地区了呢？"

祖父说："那同样还有两个机会，一个是安全归来，另一个是不幸负伤。假如你能够平安归来，那又有什么好担心的呢？"

年轻人问："那我要是不幸受伤了呢？"

祖父说："你同样拥有两个机会，一个是依旧可以保住生命，另一个是彻底无药可医。假如还能保住生命，还担心它做什么呢？"

年轻人再问："那要是彻底无药可医怎么办呢？"

祖父说："还是有两个机会，一个是作为敢于冲锋陷阵的国家英雄而死，一个是怯弱地躲在后面却不幸罹难。你当然会选择前者，既然会成为英雄，那还有什么值得忧心的呢？"

好机会中隐藏着坏机会，而坏机会中又蕴含着好机会。这种情景就好比是一枚硬币的两面。机会是坏还是好，取决于我们以怎样的眼光、怎样的心态、怎样的视角去看待它。让我们拭去心灵深处的浮躁，养成乐观旷达的积极心态吧。这样，人生处处都是好机会。

不要为小事纠结，自己烦自己

契诃夫是19世纪末俄国伟大的批判现实主义作家，他又是情趣隽永、文笔犀利的幽默讽刺大师，短篇小说的巨匠，著名剧作家。他曾写过一篇名为《小公务员之死》的短篇小说，该小说介绍的是一个离奇而悲哀的故事，让人读后也是陷入无限沉思。

一个喷嚏搞得小公务员整天惶恐不安，最终导致自己丢了性命。究其原因，关键在于小公务员自身太过于恐惧。这或许是文学的虚构。然而，在现实生活中，为了一丁点儿小事儿而惴惴不安或紧绷着脸的人并不罕见。

在一个偏远的小村庄，有一个人晚上做了一个噩梦。在梦中他瞅见一位头戴白帽、脚穿白鞋、腰佩长刀的男子向他厉声叱喝，并朝他的脸上吐唾沫。于是他被吓醒了。第二天，他愁眉苦脸地对人说："我自小到大从没有遭受过别人的侮辱。可是昨天晚上梦里却被人骂并朝我脸上吐唾沫，我一定要找出这个人来，否则我就去见阎王爷。"就这样，他每天早晨一起床，就去车水马龙的大马路上找寻梦中的男子。几个星期过去了，他寻人未果，后来人们发现，这个人自杀了。

看完这个故事，可能很多人都会嘲笑做梦人的愚蠢，做梦本是一件非常平常的小事，做噩梦也是常有的事情，怎么可以为此而舍弃宝贵的性命呢？然而，就有很多人为这种不值一提的小事而惴惴不安。还有这样一个故事，不妨再自查一下有没有你的影子。

仰山和尚是伪山禅师的徒弟。师徒二人许久未曾谋面，彼此都非常牵挂。等到见面时，伪山禅师问仰山和尚说："这段时间你都干了些什么事？"

仰山和尚回答："我开垦了一片荒地，然后种了一些庄稼和蔬菜，每天挑水浇地，锄草除虫，一年下来，竟然有很不错的收成呢！"

伪山禅师点头称许："你这一年生活过得非常充实啊！"

仰山和尚反问说："师傅，那您这一年都忙活什么了啊？"

伪山禅师笑着回答说："我过了白天就过晚上。"

仰山和尚随意说道："你这一年也过得非常充实呢！"不过，话音刚落，他就觉得自己这么说不太妥当，话语中仿佛夹杂着讽刺的气息。于是，他满脸通红，不由自主地咂了咂舌头，心想："我如此一说，师傅必然觉得我在嘲笑他，我真不应该这样说！"

仰山和尚的这一窘态早就被伪山禅师看在眼里了。就在仰山琢磨着怎样挽救的时候，伪山禅师开口说话了："只不过是一句话，何必计较太多，将它看得如此严重呢？"

仰山和尚一愣，顿时明白了师傅的用意，说道："我们开始上课吧！"

伪山禅师欣慰地点了点头。

仰山和尚为自己一句可能不甚恰当的话语而惴惴不安，其实师傅根本就没放在心上。其实吧，有些事真的没你想象的那么严重，对此我们无须过分担忧。

在这个世界上有些事情原本十分平常，但一些人往往将事情看得太过严重，让一些小事占据了内心，进而忧虑不已、寝食难安。有些小事，只要不是成心为之，又没有造成什么严重的不良影响，就随它去吧，无须放在心上。

卡耐基对一件发生在很多年以前的事情记忆犹新。那个时候，有一个来自纽约《太阳报》的记者，参加了他开办的成人教育班的示范教学会。在教学会上，这名记者抨击卡耐基及他的工作。当时，卡耐基被这名记者气得火冒三丈，觉得记者的抨击对他是一种侮辱。他打电话给《太阳报》执行委员会的主席季尔·何吉斯，特别要求刊登一篇文章，将事实的真相道明，不能任人嘲弄他。他当时一心要让这名记者受到适当的惩罚。

很多年之后，卡耐基指出，他对当年的行为感到十分惭愧。

他现在才弄清楚，买那份报的人大概有二分之一不会看到那篇报道；看到的人之中又有二分之一会将其只视为一件小事情来看；而真正注意到这篇文章的人之中，又有二分之一在一两个月之后就将这件事情忘到九霄云外了。

卡耐基终于懂得，普通人根本就不会太关心你我的事情，或是关心别人批评我们的言语，他们只会关注他们自己——在早餐前，早餐后，一直到午夜十二点如何度过。他们对自己的小事情投入的关注度，要比能置你或我于死地的大事情要高一千倍。

因此，我们想要生活得轻松愉悦，活得有意义，就无须太在意一些无关紧要的小事。不要将自己的时间和精力浪费在庸人自扰和寻找人际关系的障碍上。记住，能给你重担的只是你自己，他人的关注或留心只是暂时的。过一段时间后，再去询问别人是否记得你当时有多出丑，多数人肯定已经完全没印象了，甚至有的人已经不记得你姓甚名谁了。

别总把"没劲"挂在嘴边

当个人的内心愿望与现状很不相称，并且这种不相称本身并没有明确表现出来时，就会表现为厌倦情绪。对无滋无味的生活感到厌倦，对工作厌倦，对感情厌倦，甚至对人生厌倦。于是，我们常常看到这样的情况：一个人默默地在屋子里呆坐着，或者抬头望着天，或者低头看着地，一言不发，神情惆怅。当友人问他"怎么了"，得到的答案是"没劲""没意思""无聊"等等。

厌倦是忧郁症的表现之一，主要表现为情绪低落、思维迟缓、兴趣索然、精力丧失，这些人往往自我评价过低，生活能力退化，工作效率下降，苦恼忧伤甚至悲观绝望，觉得生活没意思，打不起精神，大有度日如年、生不如死之感，为了掩饰自己，有时还要强装笑容。

对一切感到厌倦的人往往衣着随便，不知梳洗，给人一派颓废潦倒的印象，面容愁苦，甚至两眸凝含泪珠，如若稍受启诱，便泪如雨下。有的人从外表上看不出明显的悲哀忧郁，甚至完全难以觉察，但从其眉间还会不时地流露出一丝愁情哀意。但多数人行动显得迟缓，往往很少有自发动作，严重者甚至端坐一隅，纹丝不动，思维过程也很缓慢，以致影响言语速度。若与之交谈，常数问一答，答前有长时间沉默，使多数人心焦难忍。

俗话说，"心病还须心药医。"绝大多数的忧郁症病人病前都有一定的诱因，如挫折、遭受不幸等，致使情绪低落进而悲观、失望，产生孤独感、无助感。这些情况，一般来说可以用心理治疗——即所谓的"心药"来处理。

世上没有一帆风顺的事情。每个人都会遇到诸如工作进展不顺，夫妻关系发生矛盾，或个人爱好得不到满足等各种问题。如果将所有的自尊心都绑在生活的某一件事情上，你肯定会变得非常脆弱。回顾一下你的忧郁历史，它是不是与你生活中的某一个方面紧密相连？比如说，当工作不顺利的时候你是不是就情绪低落？如果你的忧郁过程确实与你生活中某一个方面有密切的关系，就表明你很可能是太孤注一掷了。

为了避免发生这种片面的依赖性，你的关注点最好放在生活的多个方面：朋友、家庭、工作、爱好和兴趣，家庭内和家庭外的，社会的和个人的，每一个部分的成功都能增强你的自信心。当生活的某一个方面进展不太顺利的时候，你还可以从其他的方面获得安慰和支持。

当发生不利事件时，有一个可以完全信赖的人，无论是亲戚、配偶或朋友，都是防止忧郁的最重要保证之一。如果你还没有这样亲密的、可以依靠的人际关系，向你提供帮助与感情支持，你就应该想办法开始建立这样的支持关系。

马六表面上看来是很成功的。他在大学时成绩不错，取得学位之后，加入一个大企业。他挣了很多钱，然而却受着忧郁症的折磨。他寻求专家帮助，通过心理治疗才弄清，原来他并不怎么看重他目前所取得的成就。他渴望他的工作能对别人有所帮助，那才是他所看重的。于是，在医生的建议下他开始寻求别的职业。广告上有一个职位能让他应用自己的财务专业知识为社会服务，虽然这个职位的薪水远远低于他原来的工作，他还是毅然申请了这个职位。因为他相信工作中的乐趣取决于是否能从事他所看重的工作。他获得了这个职位。两年之后，虽然他的情绪仍然时有起伏，但再也不像从前那样经常发生深度忧郁了。

如果你还没有写下你的价值和目标的个人声明书，建议你做一下。它能帮助你评价目前的工作和个人生活是否符合你的价值观，能帮助你选择最有利于摆脱忧郁苦恼的改变方案。

不必为对方"不领情"反手打脸而感到憋屈

你与人为善，对别人好，结果人家非但不领情，而且时不时挖苦你几句，你会有什么感觉？不一定暴跳如雷，但郁闷是必然的。当然，一般人是不会这样的，即使偶尔有这么几个，也耐不住时间的纠缠，所谓"路遥知马力，日久见人心"，时间长了他总会有明白的一天，有悔悟的一天。

战国时期有个"负荆请罪"的故事。

蔺相如在赵秦两国渑池之会上为赵王挣足了面子，赵王认为他是个难得的人才，便拜他为相国。

当时赵国有个大将军叫廉颇，见蔺相如仅凭一张利嘴，眨眼间职位就爬到了自己的头上，而自己戎马一生战功赫赫却位居他下，心里很不服气，决定要找机会羞辱蔺相如。

蔺相如知道后，处处躲着廉颇，有时还称病不肯上朝。

有一天，蔺相如带门客出去，看见廉颇的车迎面走来，忙将自己的车退进小巷里，让廉颇的车过去。蔺相如的门客觉得憋气，埋怨蔺相如不该胆小怕事。

蔺相如笑笑说："你们说廉将军跟秦王比，谁的势力大？"

门客答："当然是秦王的势力大。"

蔺相如接着说："天下诸侯都怕秦王，而我却敢当面责备他。秦国之所以不敢侵犯赵国，就是因为有廉将军和我在，倘若我与廉将军不和，秦国肯定会趁机来犯，所以我情愿忍让廉将军。"

后来，蔺相如的话传到了廉颇的耳朵里，廉颇感到无地自容。

一天，蔺相如正在书房读书，一个门客急匆匆地跑来说："廉将军找上门来了。"蔺相如愣住了，不知廉颇此来何意，忙出门迎接。

只见廉颇裸露着上身，背上绑了一根荆条，见到蔺相如便双膝跪倒，说道："我心胸狭隘，请相国责罚我吧。"蔺相如慌忙把他扶起，两人的手紧紧地握在了一起。

从此，两人齐心协力，共同保卫国家，秦国十几年不敢侵犯赵国。

蔺相如无疑是与人为善的高手，但到底什么样的人才能做到这一点呢？精明人不行，如果蔺相如是个精明人的话，势必跟廉颇一争到底，不仅不会有"将相和"的美谈，而且一旦秦国灭了赵国，他们俩一个都别想好，覆巢之下，焉有完卵？可见，要做到这一点，非聪明人和明白人不可。

被别人抱怨时冷处理，或许转机就在其中

阿光今年刚从大学毕业，他学的是英文，自认为无论听、说、读、写，对他来说都只是雕虫小技。由于他对自己的英文能力相当自信，因此寄了很多英文履历到一些外商公司去应征，他认为英文人才是就业市场中的绩优股，肯定人人抢着要。

一个礼拜接着一个礼拜过去了，阿光投递出去的应征信函却杳无音讯，犹如石沉大海一般。阿光的心情开始忐忑不安，此时，他收到了其中一家公司的来信，信里刻薄地提到："我们公司并不缺人，就算职位有缺，也不会雇用你，虽然你认为自己的英文程度不错，但是从你写的履历看来，你的英文写作能力很差，大概只有高中生的程度，连一些常用的文法也错误百出。"

阿光看了这封信后，气得火冒三丈，好歹也是个大学毕业生，怎么可以任人将自己批评得一文不值。阿光越想越气，于是提起笔来，打算写一封回信，把对方痛骂一番，以消除自己的怨气。

然而，当阿光下笔之际，却忽然想到，别人不可能无缘无故

写信批评他，也许自己真的太过自以为是，犯了一些自己没有察觉的错误。

因此，阿光的怒气渐渐平息，自我反省了一番，并且写了一封感谢信给这家公司，谢谢他们举出了自己的不足之处，用字遣词诚恳真挚，把自己的感激之情表露无遗。

几天后，阿光再次收到这家公司寄来的信函，他被这家公司录取了！

人往往只看得见别人的过错，看不见自己的缺失，面对别人的指责，也常不加自省，反倒以恶言相向来掩饰自己的心虚。

麦金莱任总统时，因一项人事调动而遭到许多议员政客的强烈指责。在接受代表质询时，一位国会议员脾气暴躁、粗声粗气地给了总统一顿难堪的讥骂。但麦金莱却若无其事地一声不吭，听凭这位议员大放厥词，然后用极其委婉的口气说："你现在怒气该平和了吧？照理你是没有权利责问我的，但现在我仍愿意详细解释给你听……"听罢，那位气势汹汹的议员只得羞愧地低下了头。

的确，在生活中遭到别人的指责和抱怨常可碰到。遭人指责抱怨，是件极不愉快的事，有时会使人觉得很尴尬，尤其是在大庭广众面前受到指责，更是不堪忍受。但从提高一个人的处世修养角度讲，无论你遇到哪种情况的指责，都应该从容不迫，对者改之，错者加以耐心解释，泰然处之。

为摆脱被指责的尴尬局面，不妨采纳心理学家提出的以下几点建议：

1.保持冷静

被人指责总是不愉快的，面对使你十分难堪的指责时，要保持冷静，最好能暂时忍耐住，并作出乐于倾听的表示，不管你是否赞同，都要待听完后再作辩解。因对方一两句刺耳的话，就按捺不住，激动起来，硬碰硬，不仅解决不了问题，还易将问题搞僵，将主动变为被动。

2.让对方亮明观点

有些指责者在指责别人时，往往似是而非，含糊其辞，结果使人不知所云。这时，你可向对方提出讲清问题的要求，态度要和气，比如，"你说我蠢，我究竟蠢在哪里？"或者"我到底干了什么傻事？"以便搞清对方究竟指责和抱怨你什么，让对方及时亮明自己的观点和看法。这一策略往往能有效地制止指责者对你的攻击，并能将原来的攻防关系转变为彼此合作、互相尊重的关系，使双方把注意力转向共同感兴趣的问题。

3.消除对方的怒气

受到指责，特别是在你确实有责任时，你不妨认真倾听或表示同意对方对你的看法，不要计较对方的态度好坏，这样，指责完毕，气也消了一半。即使当你确信对方的指责纯属无稽之谈时，也要对其表示赞同，或者暂时认为对方的指责是可以理解的。这会使对方无力再对你进行攻击，相反，你却可以获得更多的机会和时间进行解释，从而消释对方的怒气，使隔膜、猜疑、埋怨和互不信任的坚冰得以化解。

第七辑

远离借口，不要让未来的你讨厌现在的自己

制造和接受借口都会产生一系列问题，从愤恨、抱怨、推诿、塞责、拖延发展成为部分或全部失败的恶性循环。经常意识不到自己正在找借口，因为这已经成为一种无知的、下意识的习惯，而这一习惯更因为和其他借口制造者的联合而变得更加顽固。"没有任何借口"是完整的、没有国界的获得幸福和成功的方法。拒绝抱怨，远离各种借口，将把你的生活和人生质量带入更高的水平。

总是借口太多，付出太少

在西方的宗教观念中，人性中有7种不可饶恕的罪恶，它们是懒惰、贪婪、愤怒、淫欲、贪吃、傲慢、妒忌。在这7种罪中，懒惰位居第一。因为懒惰看似无关大碍，事实上却会引起很多严重的后果。懒惰会让人怠于行动，懒惰会让人怠于思考，懒惰会让人只想坐享其成。

找借口，一个看似合理的行为，其实在它的背后隐藏的是人天性中的懒惰和不负责任。在事实面前，没有任何理由可以被允许用于掩饰自己的失误，解释只是自己为了推卸责任而强加于事实的借口。而借口除了造成效率低下、公司业绩受损以外毫无意义。

某公司始建于1953年，2001年年初整体改制。截至

2003年末，该公司资产总额达到了22 976万元。然而就是这样一个大型的企业，却在2004年申请破产，很重要的原因之一便是很多公司员工面对工作的不利事实、结果时，首先想到的是解释，这样的解释摧垮了一个原本很有前途的大型企业！

　　每个人在其天性中都存在一个"黑暗的种子"，那就是推卸责任。如果不对自己这颗"黑暗的种子"时时提防的话，就很容易陷入以借口掩饰责任的怪圈。面对没有完成的营销任务，面对没有做完的公司报表，很多人便企图用时间紧张、不熟悉程序、他人不肯合作等借口来作出一个看似合理的解释。粗看起来，好像很有道理，可以原谅，其实不然，这种解释不过是从潜意识里给自己的工作失误寻找借口，将自己的过失推给他人，这恰恰是高效合作的工作团队所不能够容忍的。允许这种情况的存在便是对团队的不负责任，允许这样的情况存在便是对整个公司的摧残。一群总是寻找借口的员工只能带来低下的效率与失败的命运。

　　一个真正的成功者，一位真正优秀的员工总是拒绝寻找任何解释与借口。美国杰出总统富兰克林·罗斯福打破传统，连任了4届总统职务，然而，他壮年时身患小儿麻痹症，下身瘫痪。其实，他最有理由寻找借口去放弃、去依赖。然而他没有，他以自己的信心、勇气和全部的努力向一切困难挑战，最终成为一个真正的强者，成为自己的主人，主宰了自己的灵魂和命运。

　　寻找借口进行解释实际上是通向失败的前奏，只能造就千千万万平庸的企业和千千万万平庸的员工。而你所要做的，你想要的，绝对不是平庸无能。

这个时代要的是真正强大的公司，真正优秀的员工。拒绝寻找解释、借口的软弱行为，要从心态上首先让自己强大起来。

是时候有个"没有任何借口"的座右铭了

著名的西点军校有一个历史悠久的传统，那就是遇到学长或军官问话，新生只能有四种回答：

"报告长官，是。"

"报告长官，不是。"

"报告长官，没有任何借口。"

"报告长官，我不知道。"

除此之外，不能多说一个字。

新生可能会觉得这个制度不近情理，例如军官问你："你的腰带这样算擦亮了吗？"你的第一反应必然是为自己辩解。但遗憾的是，你只能有以上四种回答，别无其他选择。

所以对待这个问题，你也许只能说："报告长官，不是。"

如果军官再问为什么，唯一的恰当回答只有："报告长官，没有任何借口。"

这四种回答方式一方面是要新生学习如何忍受不公平——人生不可能永远公平；另一方面也是让新生们学习必须勇于承担责任：现在他们只是军校学生，恪尽职责可能只要做到服装仪容的要求即可，但是日后他们的责任却关乎其他人的生死存亡，因此必须"没有任何借口"。

许多从西点军校毕业的学生后来都成为了杰出的将领或商界奇才，不能不说与在西点军校培养成的"没有任何借口"的观念存在着密切的关系。

真诚地对待自己及他人是明智和理智的行为，在很多情况下，与其为了寻找借口而绞尽脑汁，不如坦率地对自己或他人说"我不知道"。这是诚实的表现，也是对自己和他人负责的表现。

齐格勒曾经这样说过："如果你能够尽到自己的本分，尽力完成自己应该做的事情，那么总有一天，你能够随心所欲从事自己要做的事情。"

所谓尽自己的本分就是要求我们勇于承担责任，承担与面对紧密相关，面对是勇于正视问题，而承担意味着让自己担当起解决问题的责任。因此可以这样理解，没有面对问题的勇气，承担就没有基础；没有承担责任的能力，面对就没有价值。

假如一个人除了为自己承担之外，还能为他人承担，他就会无往而不胜。这就是"没有任何借口"这种信念的真谛。

在某巨头公司曾有这样一个故事广为流传：两个年轻人刚进

入公司不久，被同时派遣到一家大型连锁店做一线销售员。一天，这家店在清查账目的时候发现需要交纳的营业税比以前多了很多，经过仔细检查后发现，原来是两个年轻人负责的店面将营业额后面多打了一个零。面对这样的事件，两人来到经理的办公室，当经理问及此事时，两人开始都对此面面相觑，但账单就在面前，不容抵赖。

在一阵沉默之后，两个年轻人分别开口了，其中一个解释说自己刚开始上岗，难免有些紧张，而且对公司的财务方案还不是很熟，所以出了差错。而另一个年轻人却没有作太多的解释，他只是对经理说，这的确是他们的过失，他愿意用两个月的奖金来作为对公司的补偿，同时他保证以后再也不会犯同样的错误。

走出经理室，最先说话的年轻人对勇于承担的年轻人说："你也太傻了吧，两个月的奖金，那岂不是白干了？这种事情咱们新手说说就行了。"后者轻轻地笑了笑，没有说什么。

在这以后，公司里好几次培训的机会，每次都是勇于承担的年轻人能够获得。另一个年轻人开始坐不住了，他跑去质问经理为什么对待他们两人如此不公平。经理没有多解释什么，只是对他说："一个事后不愿承担责任的人，不值得团队的信任与培养。"

人们大都习惯于替自己寻找、搜罗各种借口，而很少有人敢于完全承担责任。所以，那些敢于说"没有任何借口"的员工，才是伟丈夫。

　　一个被下属的"借口"搞得焦头烂额的经理无奈之下在办公室里挂上了这样的标语："这里是'无借口区'。"

　　后来他又宣布，9月是"无借口月"，并告诉所有员工："在本月，我们只解决问题，任何人都不要找借口。"

　　一位顾客打来电话抱怨该送的货迟到了，物流经理马上说："的确如此，货迟了，下次再也不会发生了。"随后他安抚顾客，并承诺补偿。挂断电话后，他说自己本来准备向顾客解释迟到的原因，但想到9月是"无借口月"，也就没有找理由而是立刻把顾客的问题解决了。

　　没想到，后来这位顾客专门向公司总裁写了一封信，评价了在解决问题时他享受到的出色服务。他说：这次没有听到千篇一律的托辞令他颇感意外和惊喜，他赞赏公司的"无借口运动"是一项伟大的运动。

　　借口与责任相关，高度的责任心才有可能成就优秀的成果。要做一个优秀的人，就要做到没有借口，勇于负责。

明白自己的责任，然后走在路上

　　在一个企业里工作，首先你要清楚你在做什么。只有做好自己分内工作的人，才有可能再做一些别的事情；相反，一个连自己工作都做不好的人，企业怎么能让他担当更重的责任呢？总有一些人认为，别人能做的事自己也能做，实际情况是，越这样想的人越什么事也做不好。

如果我们明白自己的责任是什么，就会向目标更进一步，如果你每承担一项新的工作，或者担任一个新的职位，都能问问自己，"我的责任是什么"，相信你会一步步走向成功。

三国时期，诸葛亮挥泪斩马谡后自降三级官职，是"明白自己的责任是什么"的著名案例。

公元228年春，诸葛亮正式出兵北伐，特别选中马谡来担任先锋。当诸葛亮的主力部队到达祁山时，打了曹魏军队一个措手不及，汉阳、南阳等地的吏民纷纷起兵反魏归蜀，战局对蜀军十分有利。但是，马谡这时在街亭（今甘肃秦安县东北）却出了问题。他率军进至街亭时，遇到了魏将张郃所率主力部队的抵抗。马谡违背了诸葛亮原先的部署，又不听从部将王平的建议，在寡不敌众的形势下，居然不下据城，而舍水上山，结果被张郃军队切断水道，杀得大败。街亭失守，使诸葛亮十分被动，一场十分有利的战局顿时变成败局。尽管诸葛亮十分爱惜马谡的才华，但是为了严明军纪，他毅然按照军法处斩了马谡，还上疏朝廷，自请贬官三级，追究个人"不能训章明法"、用人不当的责任。

事后，部下蒋琬认为诸葛亮在天下尚未平定时杀智谋之士，太可惜了。诸葛亮却认为：孙武、吴起所以能够天下无敌，是由于执法严明。现在天下分裂，战争刚刚开始，如果松弛法纪，还靠什么去讨伐敌人。所以，后人对此评价甚高，以"法加于人也，虽从死而无怨"来称赞诸葛亮赏罚分明、勇于负责的精神。

在第二次世界大战时期，同样也有一个著名的"首先明白自己的责任"的案例：

据《泰晤士报》报道，盟军最高司令艾森豪威尔将军的参谋长费雷德里克·摩根中将早在1942年年底和1943年年初就对诺曼底登陆行动进行了长时间的周密策划，但是，英国首相丘吉尔和艾森豪威尔将军都对这一计划能否取得成功表示怀疑。

当时，艾森豪威尔甚至用铅笔在草稿纸上写下了他将在登陆行动失败后宣读的文字。那段文字是："我们在瑟堡-阿费尔地区登陆时，未能找到令人满意的据点，我已下令撤回部队。我是依据我得到的最佳情报作出发动进攻的决定的。空军和海军部队表现出了英勇无畏和忠于职守的精神。如果这次登陆行动失败，责任由我一个人承担。"

在这一事件中，艾森豪威尔将军展现出了崇高的职业精神。他清楚自己的责任是什么，虽然他完全可以将责任推给执行命令的将领，或者推给作战的士兵，但是他没有那么做。虽然他可以找出各种借口为自己开脱，诸如天气问题、装备问题、敌人太狡猾、消息泄露等，但他没有寻找任何借口。

遗憾的是，在职场上，很多人不清楚自己的责任，却非常

"清楚"他人的责任。当工作出了问题，他们不会在自己身上找问题，而总是说"这是某某的责任"；尤其是责任模棱两可或者在责任共担的情况下，他们总会想方设法地把自己的责任推得一干二净。

钟先生两年前担任某公司的财务总监。有一次，他下属的财务部在计算客户返利时，多算了5万元，而这5万元已经肯定是收不回来了。

老板知道这事后很生气，他把钟总监叫到办公室。"你手下的人出了这个问题，这么长时间，你竟然没有发现？"老板说。

"这些返利，通常是由营销部报到财务部，财务部签了字之后我再签，我事情太多，当时没有看明白。"钟总监说。

"没有看明白？难道你的事情比我还多吗？"老板没好气地说。他把钟总监叫来问话，实际上也并不是要钟总监承担损失，只是给他敲敲警钟，不要让类似的事情再发生，钟总监却以事情多为由推卸责任，首先从态度上就不过关，令他很失望。

钟总监自知话没说对，赶紧表示立即处理，但他出口的话更糟糕："我立即去处罚财务部经理。"

"处罚财务部经理？"老板终于愤怒了，"难道你认为自己就没有责任？难道你认为处罚就能够解决问题？我本来不想处罚任何人，但我现在觉得你才最该受到处罚，你的责任意识差到让人非常失望的地步了，这事应该由你负全部责任！"

作为财务部总监，财务部出了问题，财务总监总是有责任的。钟总监在于没有明白自己的责任，而是一开始就为自己开脱，进而拿下属来垫背，这是让老板愤怒的根本原因。

工作中，谁都不希望出现失误，但一旦做错了事，就不要推卸责任，否则你就可能会被炒鱿鱼。然而，生活中为自己的错误竭力开脱的人却比比皆是，他们以为这样会把责任推得一干二净，可以保全自己"从不犯错"的良好形象，殊不知，上司能够容忍员工犯错，却无法宽恕一个人推脱责任。

在老板看来，一个员工对待错误的态度可以直接反映出他的敬业精神和道德品行。一个称职的员工，对于自己应该承担的责任要切实负责，而不是随便找个理由推脱。

埃克森石油集团的副总裁爱德·休斯说："工作出现问题是自己的责任的话，应该勇于承认，并设法改善。慌忙推卸责任并置之度外，以为老板不会察觉，未免太低估老板了。我不愿意让那些热衷于推卸责任的员工来做我的部下，这会使我不踏实。"

对于任何人来说，推脱责任都是有害无益的，它会断送一个人的前途，并注定一个人的平庸结局。所以，要想成为一个优秀的人，就要竭力避免推卸责任的言行，树立起主动承担责任的良好形象。

担当应该担当的

"这是你要担当的，责任所在，义不容辞！"每一个人都应牢牢记住这句话。

对那些在工作中推三阻四，总是寻找借口为自己开脱的人；对那些缺乏工作激情，总是推卸责任，不知道自我批评的人；对那些不能按期完成工作任务的人；对那些总是挑肥拣瘦，对公司、对工作不满意的人，最好的救治良药就是大声而坚定地告诉他：这是你的工作，责任所在，义不容辞！

选择了这份工作，你就必须接受它的全部，担负起天经地义的责任，而不是仅仅享受它给你带来的益处和快乐。

有这样一个故事：在一列火车上，有一位妇女将要临产。列车员广播通知，紧急寻找一位妇产科医生。这个时候，有一位妇女站了出来，她说自己是妇产科的，列车长赶忙把她带入一间用床单隔开的病房。

毛巾、热水、剪刀、钳子什么都到位了，只等最关键的时刻到来。那位自称是妇产科的女子此刻非常着急，将列车长拉到产房外，说产妇的情况非常紧急，并告诉列车长自己其实是妇产科的一名护士，并且由于一次医疗事故被医院开除了。今天这个产妇情况不好，人命关天，她自知能力不够，建议立即送往医院抢救。此时，产妇由于难产非常痛苦地尖叫着，而列车行驶在京广线上，距最近的一站还要一个多小时。列车长郑重地对她说："你虽然只是一名护士，但在这趟列车上，你就是医生，我们相信你！"

列车长的话感染了这名护士，她开始变得镇定，但走进产房时又问："如果在不得已时，是保小孩还是保大人？"

"我们相信你！"列车长又郑重地重复了一遍。护士点点头坚定地走进产房。列车长轻轻地安慰产妇，说现在正由一名专家给她助产，请产妇安静下来好好配合。

经过漫长的等待，婴儿洪亮的啼哭声宣告了母子平安，人们悬着的心终于落下。那位妇女几乎单独完成了这个手术。这是她从业以来碰上的难度最大的手术，同时也是她第一次独立完成且成功了的手术，创造了这一奇迹的正是责任感。

这个世界就像一个大机器，每一个人都是机器上的一个齿轮，一个齿轮的松动会引起其他齿轮的非正常运转，进而影响到整个机器。对于这个社会如此，对于社会的一个单元——企业，亦是如此。

你是否趁经理不注意时偷偷地开小差，或者煲与工作无关的电话粥，就像当年上课趁老师不注意时偷偷地摆弄新买的卷笔刀？又是否将本来属于自己的工作推托给其他同事？抑或当老板布置一项任务时，你不停地提出这项任务有多艰巨，暗示老板是否在你做成之后给你加薪或者你做不成也情有可原，因为这的确不是一项容易的工作？

　　这样的人不多但也不是少数，要不然为什么有问题的企业还那么多，顾客的满意率为什么还那么低？每一个老板都清楚他自己最需要什么样的员工，不要以为自己只是一名普通的员工，其实你能否担当起你的责任，对整个企业而言，同样有很重要的意义。

　　对一名公司的职员来说，责任所在，义不容辞！意识到这一点，努力在工作中做到这一点，以它为动力去战胜困难，去完成任务，那么你就是令公司真正放心的员工。

　　有一个城乡结合部正在大搞建设，工地一角突然坍塌，脚手架、钢筋、水泥、红砖无情地倒向正在吃午饭的民工，烟尘四起的工地顿时传来伤者痛苦的呻吟。

　　这一切都被路过的两辆旅游大客车上的人看在眼里。旅游车停在路口，从车里迅速下来几十名年过半百的老人，他们好像没听见领队"时间来不及了"的抱怨，马上开始有条不紊地抢救伤者。

　　现场没有夸张的呼喊，没有感人的誓言，只有训练有素的双手和默契的配合。当急救车赶来的时候，已经是50分钟以后的事情，从一个外科医生的眼睛来看，这些老人至少保住了10个民工的生命。

　　在机场，这名医生又遇到了这些老人们的领队，两个穿着时尚的年轻姑娘一边激烈地讨论这么多机票改签和当地赔的费用结算问题，一边抱怨这些老人管了闲事却让她们俩为难。

　　老人们此时已换上了干净的衣服。他们身上穿的大多都是去掉了肩章的制服衬衣，陆海空都有，每个人都以平静祥和的神态四下张望候机厅的设施。其中一个老人面有歉疚地对两个年轻的姑娘说道："年轻人，我们几个老人给你们添麻烦了，请不要再争执了。刚才的情形，我们不伸手帮一把，情理上说不过去啊。"

　　这个老人说得对，如果说责任可以逃避，你的心也能吗？一个人可以完全忘掉歉疚，或者带着歉疚生活一辈子，只要他觉得这份歉疚对自己不会有任何影响。可是，你要知道，任何经历过的歉疚都会像醋酸腐蚀铁制的容器一样慢慢侵蚀你的心灵，久而久之，让你再也无法用明亮清澈的眼睛和一颗坦然的心对待工作和生活。

　　一个人承担的责任越多越大，证明他的价值就越大。在公司里，只有勇于担责任的员工才会得到老板的信任，才会得到重用。

　　所以，你应该为所承担的一切感到自豪。想证明自己最好的方式就是去承担责任，如果你能担当得起来，那么要祝贺你，因为你不仅向自己证明了自己存在的价值，你还向老板证明你能行，你很出色。

与其抱怨，不如在沉默中厚积薄发

我们生活在一个快节奏的社会。由于工作与生活的双重压力，随处都充斥着吹毛求疵、流言蜚语和抱怨。在这种环境下，沉默能让我们自省反思、慎选措辞，让我们说出自己希望能传达的创造性言论，而并非听凭不安驱使自己讲出一大串又臭又长的抱怨之词。

经常抱怨的人容易给别人一种"光说不练、怨天尤人"的不良印象，进而减弱自己的人格魅力，甚至被人贴上"无能"的标签。这么说来，抱怨是比不上沉默的效果好的，因为沉默的人通常是勤于思索的人，也是深沉不鲁莽的人，他们给人的印象就是做起事情来很干练，能力也很强。

抱怨一般不会产生积极的效果，只会激化矛盾，使问题变得更严重，事件发展得更糟糕。相对于抱怨而言，沉默则可以产生积极的效果，因为沉默的过程也是思索的过程。在思索的过程中，我们容易产生解决问题的方法，可以说沉默比抱怨更能有效地解决问题。所以，在日常生活中，无用的抱怨话不如不说，沉默比抱怨更具有建设性。

战国时期，楚庄王继位三年，没有发布过一条法令。左司马问楚庄王："一只大鸟落在山丘上，三年来不飞不叫，沉默无声，这是什么缘故呢？"楚庄王回答说："三年不展翅，是要让翅膀长大；沉默无声，是要观察、思考与准备。尽管不飞，一旦起飞，必然冲天；尽管不鸣，一旦鸣叫，必然惊人！"果然，第二年，楚庄王听政，发布了九条法令，废除了十项措施，处死了五个贪官，选拔了六个贤士。从此，国家昌盛，天下归服。

楚庄王不做没有把握的事，不过早暴露自己的意图，所以能成就大功绩，这正是"大器晚成，大音希声，不鸣则已，一鸣惊人"！

常言道："祸从口出。"也就是说，没有意义的抱怨可能激化矛盾，不仅解决不了问题，反而会让问题越来越严重。所以，时机不成熟的时候，不如保持沉默，在沉默中暗暗地寻求发展，找到解决问题的方法。如此，才是处理事件的最佳方案。

著名作家李敖曾经也就沉默和抱怨表达过自己的观点，他在《沉默》中写道：

大体说来，沉默就是进步的表示，沉默的时候是我最进步的时候，我不以为这样说是武断或矫枉过正的，因为沉默带给我缜密的思考，清醒的意识，安定的内心与沉重的情绪。多说可不必说的话只能证明我为人没有定力，言辞没有分量，这些都是不成熟的表示，一个成熟的公式应该是爱因斯坦所说的A（成功）=X（工作）+Y（游戏）+Z（少说话），因为目前还停留在浅薄与自救的阶段，对任何问题都还没有真知灼见，不，妄言无当、大言不惭，对我这好说好道的人来说，应该是一种很重要的戒条。薛敬轩说："句句着实不落空，方是谨言，信口乱弹者，无操存省察之功也。"在我忘记了沉默寡言的当儿，我该想想古人这几句老话，我相信它会使我变得深沉，老成而稳重。

总之，不管从哪方面来说，抱怨都是人生发展的障碍，抱怨的过程不仅是消耗生命的过程，也是丧失虔诚的过程。而沉默则有助于我们成就人生，因为就像李敖说的，"沉默的时候就是我进步的时候"。请记得，就人生发展而言，沉默比抱怨更有效，更具有建设性！

反省，用严厉和冷酷改正自己的缺点

《周易》有云："谦谦君子，卑以自牧。"意思是说人要反省自我。人如同一块天然玉石，需要不断地用刀去雕琢，把身上的污垢去掉。虽有些痛，但雕琢后的玉石才能更光彩照人、身价百倍。反省自我是为了提高自我。

孔子的弟子曾子曾说："我每天多次自我反省：为别人办事是不是尽心竭力了？和朋友交往是不是做到诚实了？老师传授的学业是不是复习了？"正是因为曾子能做到这样，所以孔子认为曾子能够继承自己的事业，特别注重传授学问给他。

一个人之所以能够不断地进步，在于他能够不断地自我反省，找到自己的缺点或者做得不好的地方，然后不断改正，以追求完美的态度去做事，从而取得一个又一个的成功。

英国著名小说家狄更斯的作品是非常出色的。但是，他对自己却有一个规定，那就是没有认真检查过的内容，绝不轻易地读给公众听。每天，狄更斯都会把写好的内容读一遍，坚持发现问题，然后不断改正，直到6个月后才读给公众听。

无独有偶，法国小说家巴尔扎克也会在写完小说后，花上一段时间不断修改，直到最后定稿。这一过程往往需要花费几个月甚至几年的时间。正是这种不断自我反省、自我修正的态度，让这两位作家取得了非凡的成就。

法国文艺复兴时期的作家拉伯雷说过："人生在世，各自的肩上扛着一个褡子：前面装的是别人的过错和丑事，因为经常摆在自己眼前，所以看得清清楚楚；背后装的是自己的过错和丑事，所以自己从来看不见，也不理会。"他想表达的是，对人来说，反省自己是比较困难的一件事。一方面是因为缺乏自我省察的能力；另一方面是因为不肯坦然面对过失。于是，也就有了伟人与庸人的区别，智者与愚者的差别。

"仁者如射，射者正己而后发。发而不中，不怨胜己者，反求诸己而已矣。"这是孟老夫子的话，意思是仁者立身，也像射箭一样，射不中，不怪比自己技术好的，只会从自身找原因。你未必要做仁者，但一定要做智者。在做事的时候，要持有自我反省、自我修正的态度，不断发现自己的优点和缺点，并做到扬长避短，发挥自己的最大潜能。

　　遇到挫折的时候，不用灰心，反省自己哪里出问题了；别人成功的时候，不用羡慕，反省自己哪里做得不如别人；生活平静的时候，不要麻木，反省自己哪些方面需要改进。一个懂得时刻自我反省的人，才不会一次又一次地犯同一类错误，才能更好地提升自己的能力。

第八辑
让健康的沟通代替抱怨

　　如果我们只说想去改变别人或扭转情势，而没有提出建设性的意见，这就是抱怨。你的抱怨，只会造成自己和周遭人之间的距离，周遭的人会因为你的牢骚满腹而对你"避而远之"。而一旦你闭上抱怨的嘴巴，则会清晰地感受到周围的人慢慢向你走来，进而建立起一种和谐而亲密的人际关系。从现在开始，着手让健康的沟通代替抱怨吧，因为我们的焦点需要放在我们希望发生的结果上。

抱怨是把锋利的小铁锹，会掘出阻隔他人的鸿沟

我们要多用耳朵听，少用嘴巴抱怨。因为抱怨会掘出阻隔他人的鸿沟。

有一位白领Viky，总觉得自己怀才不遇，一遇到麻烦就先抱怨，什么老板不公平啊，同僚耍无赖啊，自己是替罪羊啊，听者大多出于礼貌表示同情，热心者甚至摩拳擦掌要帮她出头。

但是有一次，她又在老板面前滔滔不绝地抱怨另一个同事的无能时，老板拨通了对方的电话，说："Viky在我这里，她对你的工作能力有一些看法，我不想变成中间人，而你一定乐于了解你们俩之间存在的问题。"

Viky顿时满脸通红，羞愧难当。老板接着对她说："两种情况下你可以在背后说别人的闲话：一是你在恭维他人；二是那个

不在场的人如果现身了，你也可以问心无愧、一字不差地重复自己说的话。"

很多时候，你的抱怨在别人看来，只是一种近乎于哀鸣的无聊之词而已，除了你自己在乎之外，别人并不会真的感兴趣，甚至还会觉得受到了听觉污染。这种听觉污染对于幸福与美满都是有害无益的。

我们的焦点必须要放在我们希望发生的结果上，而不是我们不喜欢的事情。所以在你想要将抱怨说出口前请再想一下，你希望的结果是什么样子？把你的希望说出来给别人听，让别人知道你不只是抱怨，而是有一种正面的意见，通常你就可以得到想要的结果！

当我们的嘴巴停止表达负面的思想，我们的心灵就会产生其他更快乐的念头。我们的心灵就像一座意念坊，随时都在运作，若是负面的想法缺乏市场，意念坊就会重建改组，转而生产快乐的思想。

所以，无论何时都请记得提醒自己：你的抱怨，只会造成自己和周遭人之间的距离。

让合理的沟通代替抱怨，最终会成就自己

生活中我们会遇到很多不如意的事情，也会遇到很多自己难

以接受的人。这些人可能会做一些让我们难以接受的事。这个时候，我们不能试着去改变别人，与其非常愤怒地大声指责别人的过失或不良行为，不如对对方心怀一份理解，一份宽容，说不定最终成就的还会是自己呢！

春秋时期，楚王开设太平宴，大宴文武官员。宠姬妃嫔们也被要求统统出席，陪着君臣一起狂欢。席间奏乐歌舞，美酒佳肴，转眼间就到了傍晚，但众人高兴劲还没过去。于是，楚王下令燃起蜡烛接着宴饮，还专门让他最宠爱的美人交替向官员们敬酒。

突然，一阵怪风刮来，将所有的蜡烛刮灭了。宴席顿时漆黑一片。这时，有位官员趁黑使劲儿摸了摸美人的玉手。美人察觉到后，立刻将手甩开，顺势将他的帽带扯断了。然后，急忙回到座位上，凑在楚王的耳边告状："刚才有个官员趁黑调戏我，我把他的帽带扯断了，赶紧让人燃起蜡烛看看哪个官员没有帽带，就能判断是哪个人揩我的油了。"

楚王听了美人的一番话，不仅没有立即下令点燃蜡烛，反而扯开嗓门对众人说："寡人今晚务要跟诸位一醉方休，来来来，大家把帽子摘了尽情痛饮！"就这样，各位官员都将帽子摘掉了，然后楚王才下令点燃蜡烛。诸官都不戴帽子了，自然就判断不出谁的帽带断了。

宴席结束后回宫，美人抱怨楚王不为她出气。楚王微微一笑，说："这次宴会为的是让百官尽情狂欢，酒后狂态乃人之常情，如果要过于计较追究的话，就是大煞风景啦！"于是，这件揩油之事就到此为止了。

照理说，楚王有一千个理由计较，只要他下令一查，犯了错的"嫌疑人"便可水落石出。然而，他不仅不去计较，还下令熄烛摘帽喝酒，保护了"嫌疑人"。也正是如此，后来楚王伐郑，有一健将独率数百人为三军开路，斩将过关，直逼郑的首都，使楚王声威大震，原来这位将军就是当年酒后摸过楚王美人之手的人。

我们再来看一看松下幸之助的事例，或许也能让我们得到一些启发。

松下幸之助何许人也？他是著名跨国公司"松下电器"的创始人，被人誉为"经营之神"——"事业部""终身雇佣制""年功序列"等企业管理制度均由他首创。

有一次，松下幸之助得知部下后藤犯下一个大错，于是，忍不住怒发冲冠。松下幸之助一边用挑火棒击打着地板，一边板着脸大声斥责后藤。

一番怒骂之后，松下幸之助望着挑火棒，对后藤说："你瞧，我刚才情绪多么激烈，竟然将挑火棒都弄弯曲了！后藤先生，你现在可否帮我将它弄直呢？"

看吧！松下幸之助的这句请求是多么绝妙！后藤自然是答应了，没过一会儿就将挑火棒恢复了本来的形状。

松下幸之助感叹道："呀，你的手可真是巧极啦！"随后，松下幸之助脸上马上露出了和蔼可亲的笑容。然后，真心赞美了后藤先生一番。

事情到了这一步，后藤先生原本满肚子的反抗情绪，竟然不由自主地消失了。

更令后藤惊讶的是，他回家推开门后，居然发现夫人已经精心准备了丰盛的酒菜摆在餐桌上，耐心地等他归来。

"哦，亲爱的，发生了什么事情呢？"后藤先生纳闷地问道。

"是这样的，你的领导松下幸之助打电话说：'你家先生今晚回家的时候，心情估计是十分糟糕的，你最好准备些好吃的让他解解忧吧……'"

后面的故事无须赘述。从此以后，后藤先生自然是卯足了劲地为松下幸之助工作。

松下幸之助先生对后藤采取的是刚柔并济的方法。松下幸之助一番暴怒之后，对于别人的失误给自己造成的伤害，选择了谅解和遗忘。这种不计较的心态，是一种远观的智慧。有一句说得好："计较是用别人的过失来惩罚自己。"总是计较别人的过失，其实最受伤害的是自己的心灵。面对别人的过失，学会包容，将会对你的人生大有裨益。

抱怨之前先赞美对方，他更愿意接受

当你合理抱怨的时候，要先赞后怨。因为合理抱怨之前先赞美，对方更愿意接受。

赞美也不是随随便便的，也要讲究方式方法。俗话讲："牵牛要牵牛鼻子。"赞美同样要抓住关键地赞美，这就需要洞察对方心理，了解对方的心理需求，切不可"哪壶不开提哪壶"。

有一次，相声演员侯耀文对他父亲侯宝林说："爸爸，我最近听到一些反映，说商店里某些服务员的态度差，常给顾客吃'冷面'。我想写段相声讽刺一下。"

侯老听了，沉思了一会儿，说："你想讽刺服务员，可你了解他们吗？工资不高，上班一站就是八九个钟点儿，多辛苦？再说，哪家不兴有个不顺心的事儿？谁能老有笑模样？又没吃'笑素'？顾客里头也有捣蛋的，遇上那号人，你乐得起来？我不是说服务员有缺点就不能讽刺，得先去搞点调查研究，了解他们的工作和生活，体谅人家的难处，那才能写出感情，批评得入理。"

侯老的一席话，充分体现了对他人的理解。只有理解他人的心理，了解他人的苦怒哀愁，才能把握好说话的内容与分寸，才能知道如何抓住对方的心理赞美对方。

曾有心理学家做过这样一个实验：他们从一班大学生中挑出一个最平庸自卑，最不招人喜欢的姑娘，特意安排她的同学对她改变看法，对她表示喜爱和赞扬。于是，从这天起这个姑娘周围充满了赞扬和热心的帮助。有人夸她，有人说她心灵手巧，有人送她礼物，有人每天与她一起回家……奇迹发生了，一年以后，这个原本默默无闻，自卑感很强的姑娘变得活泼开朗，有说有笑，充满自信，她的学习成绩、仪表风度和以前比也大有改善，像是换个人。

　　赞扬和鼓励确实有这样的魔力，只要我们懂得一个人最需要什么。

　　卑微、胆怯的人渴望别人的理解和尊重，那么是否人人都渴望得到尊重？一个位高权重、不可一世的人呢？

　　日本曾有一位大臣叫丰臣秀吉，权倾一时，不可一世，下面这件事则体现出他与一般人有着同样的心理需求。

　　有一年，他听说松蘑大丰收，便突然提出要亲自去采松蘑。但当时时令已过，哪还有松蘑的影子。家臣不得已，只有在前一天把要去的那块地里插上松蘑。第二天丰臣秀吉来了，看到满地松蘑，不禁赞叹道："太好了！"这时，有位善于投机的家臣告诉他这些松蘑都是临时插上的。其他家臣得知有人告密，个个魂不附体，因为他们知道丰臣秀吉这个人对于不忠诚他的人向来是严惩不贷的。但这次丰臣秀吉笑着说："这是大家为了满足我的愿望才做的，是一片好心。好久没见到这样的松蘑了，又勾起我对往昔农村生活的回忆，我很高兴。"

　　对于赞美的魔力，聪明的人从不忽视。

避免无谓的争辩，谁认真谁就输了

宋朝时期，蔡州的知州张绅犯了贪污罪被免职。有人对宋太宗赵光义说："张绅非常有钱，不至于会贪污，是吕蒙正贫穷之际向张绅索取财物没得逞，现在施行报复罢了。"吕蒙正不申辩，结果张绅官复原职，而吕蒙正的宰相之职却被罢免了。后来，考课院查到张绅贪污的证据，于是又将张绅的官职免了，吕蒙正重当宰相。宋太宗特意对吕蒙正说："张绅果然有贪污的行为。"吕蒙正听了，一笑置之，既没有重提旧事让太宗脸上无光，也没有追究那个打他小报告的人。

这种做法绝不是争斗的小人所能做到的，明明知道对方是不对的，却不争不斗反倒认输。一个人如果不争表面形式的输赢，而看重思想境界和做人水准的高低，那么他的生活必然过得很潇洒。

仔细想想，人生之中，何必事事都要去争论，以赢取那无谓的胜利呢？就像有人所说，嘴巴痛快根本不算赢。在实际生活中，我们不要为了逞口舌之快，与他人进行无谓的争辩。

19世纪时，美国有一位青年军官由于性格争强好胜，总喜欢跟人争辩，所以时常跟同事们发生激烈争执。林肯总统为此还把这位军官处分了，并对他说了这样几句颇有哲理的话："成功之士肯定不偏执于个人成见，更无法承受其后果。这包括了个性的缺憾和自制力的缺乏。与其为争路而被犬咬，不如让路于犬。因为就算将犬杀掉，也弥补不了被咬的伤口。"

有一次，刚参加工作没多长时间的小冯去参加朋友的婚礼，席间有一位小伙子在解说新郎与新娘的关系时，用了"青梅竹马"这个成语。他可能为了显示自己学识渊博，还张口吟道："郎骑竹马来，绕床弄青梅。"随后，小伙子补充说，自己所吟的这首诗是宋代女词人李清照所写，殊不知，这是唐代诗人李白所写的《长干行》。或许，这首诗蕴含着深厚的感情，以致让这位小伙子误以为出自女子之手。

可能是小冯年轻气盛，又觉得自己古典文学功底深厚，于是，毫不客气地当着众人的面，给那位小伙子纠错。令他没想到的是，那人反而更加坚持己见了。

就在小冯和他争论不休时，小冯瞅见他的大学老师在隔桌坐着。话说这位老师在唐代文学领域可是颇有造诣。于是，他们跑过去让老师做仲裁员。孰料老师听完后，在盖着桌布的桌下，用脚轻踢了小冯一下，一脸严肃地对他说："你记错了，那位小伙子所说无误。"

回家途中，小冯越想越不服气，他不相信学识渊博的老师，居然会记不清这首诗。于是他一到家就从书柜中翻出一本权威版本的《唐诗三百首》，确定自己无误。第二天，他给公司请了事假，因为他要拿着书去学校找老师，要老师还自己一个公道。

见到老师后，小冯还未开口，老师就先说了："你昨天说的那首诗是李白的《长干行》，你并没有错。"小冯听完后，很是纳闷。老师接着说："你是正确的，但我们没必要在那种场合让他人下不了台。那个小伙子并没有征求你的意见，只是表达自己的想法，对错根本与你无关，你干嘛跟他争辩呢？在社会上行走时，永远不要与人进行无谓的争辩！"

"永远不要与人进行无谓的争辩！"我们应将这话作为自己的座右铭。因为在争辩结束之后，争论的双方十有八九比争辩之前更坚持自己的观点。

我们很难在辩论中赢得胜利，因为假如我们辩论输了，那便是无话可说；即便是赢了，一样也是"输"。此话怎样呢？倘若我们赢了对方，将他的说法抨击得体无完肤，那又能如何呢？倘若我们获得一时的胜利，那种喜悦又能维持多长时间呢？

相反，假如对方在争论中占了下风，肯定会觉得有损于自尊心，他日或许会寻找机会加以报复。因为一个人如果不是心甘情愿地认输，内心依旧会执拗地守护着自己的见解。

事实上，当我们与人争执时，有时候争到面红耳赤仍旧毫无结果。或许最终证明我们是正确的，但如果这种正确性是以人际关系的受损为代价换来的，那么，这样做真的值得吗？当与人争辩时，不妨先思忖这样一个问题："我究竟需要的是什么？一个是意义不大的'表面胜利'，一个是对方的好感。"它们就好比孟子口中所言的"鱼"与"熊掌"，不可兼得，一定要权衡清楚，尽量避免不应该有的遗憾。

本杰明·富兰克林说过："倘若你经常跟他人抬杠、反驳他人，与他人争论，或许偶尔可以取得胜利，但那仅仅是空洞的胜利罢了。因为你永远赢得不了对方的好感。"所以，永远不要跟人做无谓的争辩。唯有如此，我们才能赢得好感，才能在人海中不再孤立。

善于接纳别人的不同意见是一种美德

平日里，我们要善于接纳别人的不同意见，在非原则的问题上，争取能够"求大同，存小异"，这样有助于我们赢得好人缘。

从前，有一位求道的年轻人，为了掌握人生的道理，不辞劳苦，长年累月地跋山涉水到各地拜访有道之士，求知解惑。时间一天天过去了，他也拜访了不少人，但感觉自己的收获并不大，所以他失望至极。他前思后想，也想不通为什么。

后来，有一位私塾先生告诉年轻人，在他家乡附近的南山中，有一名得道高僧，可以解答关于人生的各种疑难问题。年轻人听后大喜，连夜起程，边走边打听这位高僧的栖身之地。

这天，他终于来到南山脚下，碰到一个樵夫挑了一担柴从山上走下来，就走上前询问："樵夫大哥，你可知晓这南山上住着一位得道高僧？如果住着的话，他的房舍具体在哪里？他又长什么模样呢？"

樵夫稍微想了想，说道："这山上的确住着一位高僧，但我也不清楚他究竟住在哪里。因为他总是四处游历，随缘度化世人。至于他的长相吧，有人说他佛光普照，相貌清奇；也有人说他蓬头垢面，胡子拉碴。没有人能说得确切。"年轻人谢过樵夫后下定决心，找不到高僧誓不罢休。接下来，他步履坚定地朝着深山走去。

后来，年轻人又遇见了很多人。他们当中，有的是农夫，有的是猎户，有的是牧童，还有的是采药人，就是始终没有遇见他心目中的那位可以指点人生迷津的高僧。

年轻人备感绝望，打算转身下山。在半路上，他碰见一位拿着破碗的乞丐，跟他讨水喝。年轻人就从身上把水袋取下来，给乞丐倒了一些水。还没等乞丐喝进嘴巴里，碗里的水就漏光了。没办法，年轻人又倒了些水在碗里，并催促乞丐抓紧时间喝。但碗刚端到乞丐的嘴边，水又漏光了。

"你拿个破碗怎么可以盛住水呢？盛不住水怎么喝水解渴呢？"年轻人不理解地说。

"我说年轻人啊，你四处请教人生的道理，表面上谦虚，可是在你的内心里，判断别人的话是否合你的心意，不能接纳不合你意的观点，这些成见在你的心中导致了很大的漏洞，让你永远得不到答案。"

年轻人听后，如醍醐灌顶，赶紧作揖说："请问大师是否就是我苦苦寻觅的得道高僧？"连问数声无人回答，他只好抬起头来，原来那位乞丐已消失不见了。

参考别人的观点，借鉴别人的方法，才能让自己不断进步；尊重他人的意见，接纳别人的正确意见，对双方都有好处，何乐而不为呢？

粗鲁指出别人错了是在自找麻烦

身为著名人物，富兰克林在他的自传《富兰克林传》中记述了他是如何从一个好与人争论的人，转变成一位极具亲和力的人。

年纪轻轻的富兰克林由于非常聪明，各方面的见解又十分独到，所以总是能洞察到别人的错误，并以一种居高临下的态度，毫不留情地指出他人的错误，他甚至还会用嘲笑的语气，评判对方的无知。

一天，一位老教友对富兰克林说："你再也不应该如此行事了。你总是打击那些跟你意见不合的人，现在，已经基本上没有人愿意倾听你的意见了。你的朋友们甚至会因为你不在场，而感到更加的轻松快乐。"

年轻气盛的富兰克林计较说："可是，我只是用我的方式指出那些错误。"老教友对他说："你的确知道得颇多，以至以后再也不会有人告诉你任何一件事了。然后，你会发现，除了现存的那些知识外，你不会再知道得更多了。"

富兰克林听取了教友的指点，在任何情况下，发现他人的错误，决不再用颐指气使的口吻粗鲁地指出来。富兰克林后来在提及自己的转变时这样说：

"我制定出一条规矩，绝不正面反对任何人的观点，也不容许自己过于武断。我甚至不容许自己在文字或语言上有过于肯定的措辞。'当然''无疑'这类词是我不会用的，我尽量改用'我觉得''我推测'或'我想象'一件事该这样或那样，或者'目前我觉得是这样'。当别人讲述一件我不以为然的事情时，我也不马上驳斥他，或立即指出他的错误之处。

"我会在回答的时候，表示在某些条件和情况下，对方的观点是无误的，但在眼下看来，似乎稍有不妥，等等。当我改变与人相处的态度后，我很快就领会到改变所带来的收获——凡是我参与的交流沟通，气氛都变得很融洽。我以谦逊的态度来表达自己的观点，不仅容易被接受，还减少了一些不必要的人际冲突。后来，我发觉自己犯错误后，也没有遇到多少难堪的场面，而我恰巧是正确的时候，更能让对方抛弃自己的错误意见转而认同我的观点。"

富兰克林的做法很值得我们学习和借鉴。以自己肯定正确作为计较的理由，而丝毫不顾及他人的心理感受，肆意地指责他人或高傲地表达自己的观点，最终不仅让对方难以接受自己的观点和见解，还会让自己成为一个被人讨厌的人，甚至招致厄运。

某企业新招聘了一批新员工，总经理抽空开了个见面会。总经理点名："刘烨（huá）！"这时候，会场寂静无声，无人回应。总经理又重复了一遍。然后，一个员工起身，情不自禁地笑出声来。只见他指着另一位员工说："他的名字是刘烨（yè），不是刘烨（huá）！嘿嘿嘿……"随后，人群里传来一阵低低的笑声。

总经理的神情有点窘迫。"报告经理，我是打字员，是我把那个字打错了。"一个机灵的小姑娘起身，大声说道。

"太马虎了，下次不要犯这样的错误了，要多注意。"总经理挥挥手，神情恢复正常，继续大声地点名。

没过多长时间，这名当众承认错误的打字员被破格提拔为公关部经理，而见面会上那位当众指责经理读错音的员工则被开除了。

换位思考一下，假如你是总经理，你会提拔"不诚实"的打字员，还是会提拔那个当众指责自己错误而害自己颜面扫地的"有学问"的员工？

在人际交往过程中，诚实地指出别人的错误，让别人及时改正，的确是一种美德，但遇到特殊的情况，我们必须学会灵活处理。如果我们的言行举止的确有悖于诚实，但是为了照顾别人的心理感受，为了挽回别人的颜面，也未尝不可。从某种意义上说，这其实也是一种美德。

有些人或许会为这位"有学问"的耿直员工而叫屈，认为"不诚实"的打字员很虚伪，理应受到批判。他们忘了，在与人相处的时候，过于耿直或不管不顾很容易将别人弄得伤痕累累。每个人都有自己的知识欠缺，犯错误有时是无法避免的。

那么，问题随之而来，如何巧妙地指出别人的错误，并让别人逃离犯错误的尴尬处境呢？具体地说，指出别人错误以其方式的不同，通常可以分为六种：

1.触动式。触动式指错，措辞尖刻，用语激烈，适合一些依赖性较重、惰性较强的人。

2.渐进式。渐进式指错是逐步接近主题，适合一些自尊心与荣誉感较强的人。

3.商讨式。商讨式指错的态度比较平缓，不强加于人，而以商量讨论的口吻交流，易于被反应迅速或暴脾气的人所接受。

4.提醒式。提醒式指错，重在暗示、启发与提醒，适合一些性格敏感、疑心较重的人。

5.参照式。具体地说，即借他人的事例来对比，引导出指责的内容，适合一些知识不丰富却又自以为懂很多，悟性不高的人。

6.提问式。提问式指错，以问答的形式展示，适合一些性格内秀、思想较有深度的人。

总之，当我们有理的时候，不要让自己沦为粗鲁的指责者，正确的态度是彬彬有礼地阐述自己的观点与想法。唯有如此，才能让自己的问题得以解决，观点被人接纳，同时还能成为受人欢迎的人。

说话要有分寸，做到慎言、忌口

在与人交往过程中，有些人伶牙俐齿、口若悬河，这固然令不善言辞者心向神往，但假如在人多的地方口无遮拦，说错了话，说漏了嘴，是很难挽救的。因此，在人多的场合，聪明的人会尽量少讲话，并讲究"忌口"。他们明白，如果由于言行不慎而让别人下不了台，或将事情弄得一塌糊涂，是很不明智的。

古往今来，"言多必失"的教训不计其数，让很多人将"三缄其口"作为处世的座右铭。纵观那些成功人士，说起话来往往很会把握分寸，无论在什么场合都是落落大方。该说的时候，说得充分；不该说的时候，惜字如金。

现实中，我们要想在别人心目中有个好形象，那么有一个原则必须谨记于心：在任何地方和场合，针对任何话题，我们都要做到说话有分寸。

1.避免谈论他人的隐私和不当之处

有人喜欢当众谈论他人的隐私和不当之处。殊不知，这样做很容易让自己陷入非常尴尬的境地。

在一次宴会上，张先生在酒桌上向邻座的人谈论起某校校长的秘密来，同时表现出对校长卑鄙行为的大为不满，还说了一大堆抨击的话。

后来，有一位太太问他："先生，你知道我是谁吗？"

"还没有请教贵姓。"他说。

"我正是你说的那位校长的太太。"

张先生当场窘住了，脸色通红，场面十分尴尬。

不过，这位太太显得非常有教养，并未当众指责他，但张先生口无遮拦，给众人留下的印象并不是很好。

2.要尽量避免伤害他人的自尊

在公众场合要重视对别人的尊重和说话的礼貌，否则很容易将对方伤害于无形之中，进而招致对方的反感和厌恶。试问，如此一来，又怎么能让别人接纳你呢？

总之，注意说话的场合，亲朋好友之间、同事之间，甚至夫妻之间、父母之间，都不能忽视了说话的分寸。

3.说话形式的选择要跟场合相符合

一位湘籍著名歌星应邀到湖南某市做嘉宾，主持一个义演节目。她上台后，只见她手持话筒，高声说道："那次在中央电视台举行青年歌手大奖赛，我给'娘屋里'的参赛选手打了最高分，下次'娘屋里'的伢子妹子到北京参赛，我还要给他们打最高分。"这番话假如是在私下场合对"娘屋里"的人说说乃人之常情，并没有什么不妥，但在这义演的严肃场合，说的又是严肃庄重的大奖赛评选打分的问题，她这样偏重于"情感"而忽视"理智"的言词，引发了很多人的质疑："作为一个评委，其公正何在？这样的话显然与自己评委的身份不符。"

一言以蔽之，说话注意分寸，要做到慎言、忌口，同时还要兼顾说话的场合、地点和说话的对象。不能不管三七二十一，乱说一气，也要注意说话的内容和方式，做到该说的说，不该说的只字不说；没有考虑周到的话，也应该尽量少说为妙。

第九辑

把时光花费在有意义的事情上

俗话说："人生一世，草木一秋。"我们的生命是短暂的，因为自人出生以来就受着时间的"剥夺"。时间就像是肆意的魔鬼，无情地"牵引"着生命一步步走向灭亡。既然如此，我们何必要把时间浪费在毫无意义的抱怨上呢？抱怨不如抱愿，把时间花在进步上吧！抓住每一秒钟，不让时间白白地流失，我们的生命就会焕发出异样的光彩。

时间的迷人之处

一个人真正拥有，而且极度需要的只有时间。其他的事物多多少少都部分或曾经为他人拥有。像呼吸的空气、在地球上占有的空间、走过的土地、拥有的财产等，都只是短暂拥有。时间如此重要，但仍有很多人随意浪费他们宝贵的时间。

在富兰克林报社前面的书店里，一位男士在犹豫了将近1个小时后，终于开口问店员："这本书多少钱？"

"1美元。"店员回答。

"1美元？"这人又问，"能不能便宜点？我很需要这本书。"

"它的价格就是1美元，先生。"店员答道。

这位顾客又看了一会儿，然后问道："富兰克林先生在吗？"

"在，他在印刷室忙着呢。"

"那好，我要见见他。"这个人坚持一定要见富兰克林。

于是，富兰克林就被找了出来。

这个人问："富兰克林先生，这本书你能卖的最低价是多少？"

"1美元25美分。"富兰克林不假思索地回答。

"1美元25美分？你的店员刚才还说1美元1本呢！"

"这没错，"富兰克林说，"但是，我情愿倒给你1美元也不愿意离开我的工作。"这位顾客惊异了，他心想，算了，结束这场自己引起的谈判吧，他说："好，这样吧，你说这本书最少要多少钱吧？"

"1美元50美分。"

"啊，怎么又变成1美元50美分？你刚才不还说1美元25美分吗？"

"对。"富兰克林冷冷地说，"我现在能出的最低价格就是1美元50美分。"

那人没有再说什么把钱轻轻放在柜台上，拿起书走了出去。这位著名的物理学家、政治家给他上了终生难忘的一课：对于有志者，时间就是金钱。

太多人浪费80%的时间在那些只能创造出20%成功机会的人

身上；雇主花费太多时间在那些最容易出问题的20%的人身上；经纪人花费太多时间在不按时参加演出工作的演员或模特儿身上。玛丽·露丝在《节约时间与创意人生》一文中写道："我的工作有一部分是市场咨询，常常要和人们讨论如何建立事业。我通常会建议他们，可以自由运用自己的时间，但最重要的时间应该优先留给那些帮助自己建立事业，的确想成功和愿意协助自己达到成功的人身上。"

许多人日复一日花费大量的时间去做一些与他们梦想不相干的事情。不要成为他们其中的一分子，让我们生命中的每个日子都值得"计算"，而不要只是"计算"着过日子。

"你热爱生命吗？那么，别浪费时间，因为时间是组成生命的材料。"富兰克林如是说。时间是生命，时间是金钱，而只有那些能充分利用时间的人，才可以衡量出时间的价值。

早起的鸟儿才会有虫吃

一天究竟有多长，我们这样问过自己吗？如果你的答案是24小时，那你的一年就只能有12个月；如果你的答案是一天不仅仅有24小时，那么你的一年就可能有13个月。这多出来的第13个月，就是你和时间赛跑的成果。

　　陈尘从小和祖母待在一起，他非常爱自己的祖母。但祖母在他上小学的时候去世了，陈尘感到非常悲伤，哀伤的日子持续了很久。有一天，爸爸对陈尘说："时间里的事物，都永远不会回来。你的昨天过去了，它就永远成为昨天，有一天你会长大，你会像祖母一样老。今天你度过了的时间，也永远不能回来了。"

　　听到爸爸的这段话以后，陈尘每天放学回家，在庭院看着太阳沉进山头，他知道自己永远不会有今天的太阳了。这使他很着急，而且很悲伤。有一天放学，陈尘看到太阳西斜，就下定决心说："我要比太阳更快地回家。"陈尘狂奔着跑回家去。当他站在院子前喘气的时候，看到太阳还露着半边脸，陈尘高兴得跳了起来，那一天，他跑赢了太阳。

　　以后他就常做这样的事情，有时和太阳赛跑，有时和西风比快，有时一个暑假才能完成的作业，他10天就做完了。那时他三年级，常常把哥哥五年级的作业拿来做。每一次胜利时，陈尘就快乐得不能形容。

　　陈尘心里明白了，时间并非不可战胜，人只要有战胜一切的勇气，迈开双腿，就能够跑在时间的前面！

　　邓亚萍的成功有目共睹，她的教练在评价她所获得的成功时，说了这样一句话："只是因为邓亚萍有能力与每一天的时间赛跑。"确实，当我们了解到邓亚萍怎样度过每一天时，我们就会明白她的一天有多长！

早晨5点钟起床，5点半出门；6点30分做热身运动；6点30分至9点30分进行正常的例行计划训练；10点钟在学校上课，16点下课；16点至19点在体育馆继续训练；19点至23点在家做功课；然后上床睡觉。

当别的孩子在早晨走出家门之前，邓亚萍就已经正式开始了每日的训练；当别的孩子在电视机前消磨掉每一天的大部分课余时间时，邓亚萍还在练球；当别的孩子还未将一天的最后时间从餐桌或游戏房找回来时，邓亚萍已经开始了另一天。

就这样，邓亚萍和时间赛跑，跑赢了时间，跑赢了自己。

趁着我们还没有老到迈不动腿的地步，还有大把的时间享受生活，让我们与时间赛跑吧，筹划好我们的生活，成为跑在时间前面的人，相信人生的舞台一定会很精彩！

把时间用在刀刃上，只做有意义的事

"把时间用在刀刃上"，这句话值得大家思考，我们应该学会把时间"投资"在真正重要的事情上。

马戏团曾经有个驯兽师，他听说从未有人看见骆驼倒退着走，而且大家都认为骆驼只会往前走，不可能倒退走。

于是这名驯兽师就决定要向这个"不可能"挑战，他要训练一只会倒退的骆驼！他不断辛勤地训练，经过多年的努力，终于成功了。

要进行演出了，观众从四面八方涌来，因为宣传和广告都保证将令观众大开眼界。

场子正中央，站着那位驯兽师，正在津津乐道地说明骆驼倒退走的奇观。成千的观众却面面相觑，一脸的迷惑，每个人的表情都仿佛在说："那又怎样？"

确实，那又怎么样。时间浪费在没有多大意义的事情上，就算是真的做了一件前无古人的事，那又怎么样呢？有什么意义呢？

在美国企业界里，与人接洽生意能以最少时间发生最大效力的人，首推金融大亨摩根。摩根每天上午9点进入办公室，下午5点回家。有人对摩根的资本进行了计算后说，他每分钟的收入是30美元，但摩根自己说好像还不止。

所以，除了与生意上有特别重要关系的人商谈外，他还从来没有与谁谈话超过5分钟。通常，摩根总是在一间很大的办公室里与许多职员一起工作，他不像其他的很多商界名人，只和秘书待在一个房间里工作。

摩根会随时指挥他手下的员工，按照他的计划去行事。

如果我们走进他那间大办公室，是很容易见到他的，但如果我们没有重要的事情，他绝对不会欢迎我们。

摩根有极其卓越的判断力，他能够轻易地猜出一个人要来接洽的到底是什么事。当一个人对他说话时，一切拐弯抹角的方法都会失效，他能够立刻猜出对方的真实意图。具有这样卓越的判断力，使摩根节省了许多宝贵的时间。

成功者最可贵的本领之一，就是能把时间用在刀刃上，而从不浪费在无意义的抱怨牢骚上。他们只做有意义的事，避免无谓的干扰。

做好时间管理，最重要的事首先做

"时间就是金钱"的观念早已深入人心，做好时间管理不仅意味着丰厚的经济收益，更能令自己的事业突飞猛进。保持焦点，一次只做一件事情，一个时期只有一个重点。

马某受聘担任某大学商学院院长。他一上任先研究商学院的大概情形，发现当前最迫切需要的是资金。他知道自己募款能力很强，于是很明确地将募款列为首要任务。

这时问题产生了，过去的院长都是以院内的日常事务为工作重心，而这个新院长却总是不见踪影，因为他正在全国巡回募款，以充实院内的研究经费、奖学金等。但这样一来，在日常事务方面，他便不如前任院长那么事必躬亲。教授们对他愈来愈不满，终于派代表去见校长，要求校长命令院长彻底改变领导方式或者改选院长。但校长明白新院长的作为，便说："别把事情看得太严重。院长不是有个很不错的行政助理吗？再给他一些时间吧。"

没多久，外界的捐款开始源源不断地涌进来，教授们这才了解了院长的远见。之后，他们每次看到院长都会说："你忙你的去吧，待在这里干什么？尽管去募款吧！你的行政助理能干得很。"

这位院长后来说，他的确犯了几项错误，例如没有好好重视团队建设，在募款之前没有好好地对同仁解释。如果从头再来，他一定可以做得更好。但他也带来了一个很重要的启示，即人们必须不断地自问："目前最迫切要做的是什么？我最大的本领和才华在什么地方？"

这就是一个管理时间的问题。

时间管理的起始点就是设立明确的目标。如果连目标都未明确，那么时间管理就无从谈起。当我们设立了明确的目标以后，我们还要为达到目标制订详细的计划。我们不仅要制定一年的计划、一个月的计划，还要制定一周的计划、一天的计划。有了详细的行动计划，我们才能知道怎样合理地安排时间，我们才不会无所事事。其次，要遵循一个非常重要的原则，就是在精力最充沛的时候抓紧时间做最重要的事。

巧用时间的边角料，剩下的交给岁月

生命是由时间构成的，是一小时一小时、一分钟一分钟积累起来的。可当提到生命的意义的时候，却没有人会说生命的意义就是一堆时间。浪费了零散的时间，就虚度了一段生命，就浪费了无价的珍宝。

对于普通的上班族来说，每天都要浪费一定的时间坐车，这是不可避免的事情，但是妮可却不这样认为。

妮可是一家外贸公司的普通职员，每天到公司上班都要花半个小时的乘车时间，而这段时间里却无事可做，这太浪费了，一天半个小时，100天就是50个小时。妮可决定改变这种情况。每天一上车，妮可就拿出法语词汇表，在短短的半个小时内记一些单词和句子，从不间断。

4年之后，妮可已经可以顺利地进行法文阅读了。真令人惊讶，就在车上，她掌握了一门外语。

当爱迪生领着微薄的薪水当发报员敲打着键盘时，他并没有忽视那些零星时间。在敲击键盘时，他想着、计划着，对各种信息进行试验，利用这些零星时间，他不仅做出了各项发明，也赢得了百万资产，并为世界贡献了价值难以衡量的新观念。

渥沦·哈特葛伦博士是一位博学多才的老人，他以前是一所大教堂的牧师，后来退休了。他曾经问过一位年轻人是否了解南非树蛙，年轻人坦白地说："不知道。"博士诚恳地说："如果你想知道，你可以每天花5分钟的时间阅读相关资料，这样，5年内你就会成为最懂南非树蛙的人，你会成为这一领域中最权威的人。"年轻人当时未置可否，但后来却常常想起博士的这番话，觉得这番话真的道出了许多人生哲理。我们为什么不给每天投资5分钟，让这5分钟的时间努力使自己成为理想中的人呢？

人的生命是有限的。而所有的成功人士都是安排时间的高手，成功与失败的界限就在于如何分配时间。百万富翁和穷人至少有一样是完全相同的，那就是他们一天都是24小时，都是1440分钟。因此，我们如果想在事业上获得成功，那就必须学会珍惜和把握自己的时间，利用起时间的边角料，使时间得到最有效的利用。

不辜负每一段可能收获进步的时光

抱怨是一件随时都可能发生的事情。

早上起床晚了，抱怨的人会想"唉！又要扣工资了"，不抱怨的人会想"是不是我太累了？是该找个时间好好休息一下了"；走在路上，与别人撞了一下，抱怨的人会想"没长眼睛啊"，不抱怨的人可能根本就没意识到，最多会想"他也不是故意的"；到了公司，有个同事对面走过连个招呼也没打，抱怨的人会想"对我有意见？我还懒得理你呢"，不抱怨的人可能想都没想，最多会想"他也是想着做事，没留神"；工作上辛辛苦苦完成了一个任务，自认为无可挑剔，哪知交上去了才发现还有个小错误，抱怨的人会想"为什么事先没想到啊，真是白辛苦了"，不抱怨的人会想"我这么小心还是有疏漏，下次要吸取教训，要更加小心了"；喝口水呛着了，抱怨的人会想"怎么这么倒霉，喝水都要找我麻烦"，不抱怨的人会想"现在有点急躁了，沉稳一点"；吃饭咬到沙子，抱怨的人会想"谁洗的米，沙子都不去掉"，不抱怨的人会想"有沙子是正常的"；下班了，领导说大家留一下，晚上要开会，抱怨的人会想"又开会，怎么不在工作时间开啊？我和女朋友的约会怎么办"，不抱怨的人会想"原来这就是鱼与熊掌不可兼得也"；晚上回到家，累得不行，抱怨的人会想"为什么生活会这么累啊"，不抱怨的人会想"又过去一天了，今天还真有不少收获，现在马上好好休息，明天还要好好工作"……

著名编剧六六曾讲过一件她装修房子期间发生的事情。

经朋友介绍，她认识了一位装修师傅。她对他是赞不绝口，对他的评价是不抱怨、耐折腾。

她第一次见到他的时候，他就花很长时间跟她沟通她喜欢什么样的风格。他隔三差五会带她到建材城去选购她喜欢的料，同时在她的预算和她的喜好之间寻找平衡点。

她订了客卫的墙砖和地砖，这是她自己选的。等她看到半壁江山的时候，她竟然后悔了。她说，这不是自己想要的！结果装修师傅竟然比她还平静，问她想要什么？

她想想，觉得不好意思，说："算了，我认账，我能忍受。"

没想到装修师傅居然对她说："别。难得装修一次，要用好多年，别凑合。你不喜欢，我们改。"六六嫌麻烦。装修师傅说，满意是最高标准，只要满意，不怕麻烦。

最终，装修师傅既没让六六多花钱，又实现了让六六满意的双赢局面。

另一个细节是，六六跟装修师傅说，她要做电视机的背景墙。装修师傅推荐她几种墙纸，她都不中意，她最终请了学美术的同学替她手绘，价格还不贵。当她打开电脑向装修师傅展示她的梵·高"星空"背景墙的时候，他立刻掏出硬盘要拷贝，且跟她说，这个创意好，以后他要用到其他客户家里去。

六六说，在这个装修师傅的辞典里，没有愤怒、不满和责怪，只有提高，再提高，学习，再学习。

后来，她跟装修师傅说："我相信，你的未来会做得很大。你现在才30岁，是个只带二三十个工人的小老板，未来，你还会有大公司的。你根本不用担心自己未来买不起房子，因为你进步的速度会高于房价上涨的速度。"

把时间花在进步上，而不是抱怨上，这就是成功的秘诀。

事实证明，抱怨解决不了任何问题。当我们开始抱怨时，说明我们已经无能为力了。所以，从现在开始，停止你的抱怨，把时间利用得更有效率一些，不久你会发现，生活和心态全部能够改变。

第十辑
道理知道得再多，缺乏行动依旧过不好这一生

　　幸福的人并不比其他人拥有更多的幸福，只是因为他们对待生活和困难的态度不同，他们不会在"生活为什么对我如此不公平"的问题上长时间的纠缠，而是努力去寻求解决问题的方法。如果想登上成功之梯的最高阶，你就不应该抱怨，就算面对缺乏挑战或毫无乐趣的问题，也要永远保持积极行动的精神。行动比抱怨更有效，该做就做，立即行动起来吧。

有一种热情，叫行动的勇气

　　敢想敢做可能注定要经受一些挫折，但是那些没有勇气去将自己所想付诸行动的人，永远都体会不到行动的乐趣，即使遇到挫折也是自己的一笔宝贵财富。所以，要想成功，就要敢想，更要敢把自己所想的一切付诸行动。

　　有这样一个男孩，他的父亲是位马术师，他从小就必须跟着父亲东奔西跑，一个马厩接着一个马厩、一个农场接着一个农场地去训练马匹。由于经常四处奔波，男孩的求学过程并不顺利。

　　初中时，有次老师叫全班同学写作文，题目是《长大后的志愿》。那晚他写了7张纸，描述他的伟大志愿，那就是想拥有一座属于自己的牧马农场，并且他仔细画了一张

200亩农场的计划图，上面标有马厩、跑道等的位置，然后还要在这一大片农场中央建造一栋占地400平方英尺的巨宅。

他花了好大心血把作文完成，第二天交给了老师。两天后他拿回了作文，第一面上打了一个又红又大的问号，旁边还写了一行字：下课后来见我。脑中充满疑惑的他下课后带了作文去找老师："为什么给我不及格？"

老师回答道："你年纪轻轻，不要老做白日梦。你没钱，没有家庭背景，什么都没有。盖农场可是个花钱的大工程，你要花钱买地，花钱买纯种马匹，花钱照顾它们。"老师接着说，"如果你肯重写一个比较不离谱的志愿，我会重打你的分数。"

这男孩回家后反复思量了好几次，然后征求父亲的意见。父亲告诉他："儿子，这是非常重要的决定，你必须自己拿定主意。"再三考虑几天后，他决定原稿交回，一个字都不改，他告诉老师："即使拿个大红字，我也不愿放弃梦想。"

20多年后，这位老师带领他的30个学生来到那个曾被他指责的男孩的农场露营一星期。离开之前，他对如今已是农场主的男孩说："说来有些惭愧，你读初中时，我曾泼过你冷水。这些年来，也对不少学生说过相同的话。幸亏你有这个毅力坚持自己的目标。"

这个男孩是一个敢想敢做的人，他没有因为得不到老师的肯定就放弃自己的理想；相反，这更成为他实现自己理想的动力。

他通过努力，向老师证明了自己当初的理想并不是白日梦。

　　成功人士大都有三个共同的特点：一是敢想，二是敢做，三是能做。敢想并不是毫无根据的乱想，而是要有自己明确的目标，这件事情必须是你真的希望实现的；敢做不是违法乱纪、不择手段，而是一种执著的态度，不达目的不罢休的韧劲；能做往往也不需要有太高的天赋，只要你愿意，就能够成为那个能做的人。

做个行动派，抱怨就会渐行渐远

　　一般说来，人们碰见的事情可大致分为两种：一种是能够改变的事情，另一种是不能改变的事情。能够改变的事情，很多人通常情况下都能够坦然面对，但对不能改变的事情却时常采取抱怨的态度。殊不知，抱怨会让人思想肤浅，心胸狭窄。一个将自己的头脑装满了抱怨的人是难以想象未来的。抱怨只会使他们与周围人的理念格格不入，更使自己的发展道路越走越窄。所以说，抱怨的最大受害者是自己。

　　著名将领巴顿将军在他的回忆录《我所知道的"二战"》中讲述了这样一个故事：

　　"我要提拔军官的时候，总是将全部符合条件的候选人聚集到一起，让他们完成一个任务。我说：伙计们，你们要在仓库后面挖一条战壕，这条战壕长8英尺，宽3英尺，深6英寸。说完就宣布解散。不过，我会走到仓库中，隔着窗户悄悄对他们进行观察。

"我看到很多人把锹和镐都放到仓库后面的地上，开始讨论我要他们挖这么浅的战壕的原因。有的人抱怨说：6英寸还不够当火炮掩体呢。还有一些人抱怨说：我们是堂堂的军官，这样的体力活应该由普通的士兵来做。最后，有个人大声说：我们把战壕挖好后离开这里，那个老家伙想用它做什么，由他去吧。干活吧！"

最后，巴顿写道："那个人获得了提拔，我必须挑选不抱怨地采取行动并完成任务的人。"

行动比抱怨更有效。抱怨人人都会，行动家却不多见。抱怨多半都只是一堆"听觉污染"，无论对我们的幸福，还是健康，都是不利的。当你抱怨的时候，不仅让自己心情不爽，还让其他人不痛快，为什么不闭上抱怨的嘴，开始行动，为解决问题而努力呢？改变你的言辞，闭上抱怨的嘴，之后才会有积极的能量去面对生活、工作中的各种难题。

迈克教授是马修尔的指导教师和老板。马修尔的论文主要内容涉及洛杉矶市政的咨询项目，这也是他走向咨询行业的第一步。当时，迈克教授不仅是洛杉矶分校的一名教授，还是城市规划委员会的领导者。

迈克教授生性豁达开朗，但有一天，他措辞严厉地斥责了马修尔一番："马修尔，你到底是怎么回事？市政厅的一些人经常向我反映说，你在那里似乎态度很消极，很容易发怒，喜欢批评别人，喜欢抱怨，这到底是怎么回事？"

"教授，你根本想不到，市政府的效率原来这么低下，发展目标也存在着严重的问题，"马修尔愤怒地说道，"那里存在的毛病实在是太多了！"

"这个发现太了不起了！"教授揶揄道，"你，马修尔先生，居然发现了我们市政府原来是一个效率低下的政府，真不简单。只是，我要负责任地告诉你，西街角落里的那个理发师早就发现这个问题了，甚至比你发现的还要多，你还有别的烦恼的事情吗？"

显然，教授的讽刺并没有吓倒马修尔。他继续愤慨地指出，市政府的许多举措都明显地偏袒那些曾经慷慨捐助过的富人。教授听后笑了起来："第二个重大发现！你的评判能力非常高，眼光也很锐利，但我还是不得不遗憾地告诉你，那个理发师也早就发现了这一点。我的孩子，实话告诉你吧，以你目前的状况，我很难给你颁发博士文凭。"

教授注视着马修尔，严肃地说道："我知道，你现在一定是想，我老了，已经跟不上时代了。但是请你允许我以一个过来人的身份说一下我的看法。我认为，你目前的言行，对将来有可能成为你客户的人绝不会有丝毫帮助。现在，我可以给你两种选择，一是你继续消极的愤慨和抱怨，如果你打算选择这一项，我会解除你在市政厅的工作，并且你永远也别想从我这里拿到你的博士学位；第二，做一个能不断提出建设性、可行性意见和方法的咨询家，而不是评判家，让事情因为有你而变得越来越好。我的孩子，你打算选择哪一项呢？"

马修尔毫不犹豫地回答："教授，我知道我错在哪里了。"

马修尔从教授那里学到了人生中很重要的一课。真正的人才，绝对不会是那种只懂得用言语评判是非、指出对错的人，因为几乎每个正常人都能够做到这一点。真正的人才，遇到不如意的事情，往往用行动取代抱怨，从不靠抱怨猎取别人的同情，或吸引别人的注意。

"狮子如果能追上羚羊，它就生存，如果它跑不过羚羊，只能饿死。羚羊如果抱怨不公平，那青草——羚羊的'早餐'该向谁抱怨？羚羊还能跑，青草连逃跑的机会都没有！羚羊要想活下去，只有平时加强训练，提高奔跑的速度，让自己跑得更快，即使跑不过狮子，也要比其他羚羊跑得快，只有这样才能得以生存。"华为总裁任正非如是说。

很多年以前，阿济·泰勒·摩尔顿还在任美国财政部长一职。一天，她到南卡罗来纳州一个学院对全体学生发表演说。演说的时候，她走到麦克风前，先是将眼光撒向广大听众，从左到右扫视了一遍全场，然后张口说道："我的生母是双耳失聪的人，她也没有说话的能力，我也不晓得自己的父亲是谁，更不知道他是否还活在这个世界上。我这辈子找到的第一份工作，是到棉花田去做事。"

听到这里，台下的听众大为震惊。她继续说道："一个人的未来怎么样不是因为运气，不是因为环境，也不是因为生下来的状况，假如情况不尽如人意，我们总可以想方设法地进行改变。一个人如果想改变眼前充满不幸或无法尽如人意的情况，只需回答这个简单的问题：我渴望情况变成什么样？然后全身心投入，不带抱怨地采取行动，朝理想目标前进就行了。"说完这一席话，她的脸上露出了灿烂的微笑。

倘若当初阿济·泰勒·摩尔顿一味抱怨"生不逢时"，那就肯定无法摆脱"在棉花田做事"的境遇，更不消说出任美国的财政部长了。

接下来，不妨仔细回想一下，我说过类似这样的抱怨之语吗："我当初入错了行！""那个顾客简直烦得要命！""每天干活累得跟头耕牛似的！""领导太没有人情味了！""欠钱那么长时间都不知道还，还让不让人活了？""今天天气好糟糕啊！""我简直是生不逢时！""每天挤地铁，快挤成肉饼了！""我命怎么这么苦？""为什么倒霉的总是我？"

如果你曾说过，那么，你可以坚持一个月不说类似的抱怨之话吗？倘若可以做到，那么祝贺你，因为你的身体小宇宙正在悄悄发起一场不抱怨的运动。而你要做的就是：持续不断地将时间记录刷新。

全力以赴，哪怕只走了一小步，也是向前

许多人常常抱怨自己的工作过于琐碎无聊："我的工作真是无聊透顶。""每天面对重复的工作，我简直要疯了！""工作做完就行了，哪还管得了那么多？"……

也许我们每天所做的就是接听电话、处理文件、参加会议之类的小事。我们是否对此心生抱怨，是否因此敷衍应付？

有一位女孩大学毕业后，去应聘秘书的工作，被录取了。入职后，经理安排她做泡茶的工作，领秘书的薪水。

刚开始，她很乐意，认为泡茶的工作简单，又可以领秘书的薪水，于是很安心地为公司同事泡了一段时间的茶。3个月过去了，女孩依然做着泡茶的工作，她开始沉不住气了："我好歹也是个大学生，却天天来做泡茶这样乏味的小事。"心里怀有怨气的她这样一想，泡茶就不像从前那样愉快了，泡出来的茶也一天不如一天。

又过了一段时间。有一天，她将泡好的茶端给经理喝，经理

喝了一口茶就吐了出来，大吼道："这茶怎么泡的，难喝得要命。亏你还是大学生呢！连茶都泡不好。"女孩听了，肺都要气炸了，几乎要哭着喊出来："谁要在这个鬼地方继续泡茶呢！"她当即决定，下午就不干了，炒了老板的鱿鱼。

正在这个时候，公司有位重要客户来访，经理叫她泡茶招待客人。女孩只好收敛起不满与委屈，心里想："这可能是我在公司泡的最后一壶茶了，不如好好地泡，不要让客人觉得大学生连茶也泡不好。"

她专心地将茶泡好，用灿烂的微笑将杯子递给客户，客户喝下一口就说："呀，好久没喝过这么好的茶了。能把茶泡得这么好的人，任何工作都是可以胜任的。"经理也喝了一口，称赞道："这壶茶真的特别好喝！"

不久，公司做成了一笔大买卖，女孩也调任秘书的工作。

我们身边有太多的人，总是不屑于小事，总是太自信于"天生我才必有用，千金散尽还复来"，总是盲目地认为"天将降大任于斯人也"。但是，能把自己所在岗位的每一件事做成功就很不简单了。不要以为总统比村长好当，有其职就有其责，有其责就有其忧。如果力有所不及，才有所不逮，必然导致混乱，所以，重要的是做好眼前的每一件事，哪怕这件事是让我们泡茶。

当我们对工作感到厌倦而抱怨时，当我们对公司的制度产生质疑时，与其抱怨，不如直面现实，正视自己的工作。我们在工作时，眼睛不妨向高处望，但手却要从低处做起。不要把时间浪费在发牢骚、抱怨等没有意义的事情上，要是去做，就全心全意地去做；要是不想做，那就早日另谋高就。如果我们只是个小技术员，我们可以花上几年的时间，把我们手中的工作做到尽善尽美，这样愉快地胜任工作，不比一天到晚混时间、发牢骚好得多吗？

在有些时候，抱怨的确能赢得一些善良人的宽慰之词，使我们的内心压力暂时得到缓解。同时，口头的抱怨就其本身而言，不会给公司和个人带来直接经济损失。但是，持续的抱怨会使人的思想摇摆不定，进而在工作上敷衍了事。一个将自己的头脑装满了抱怨的人是无法想象未来的。抱怨只会使我们与公司的理念格格不入，更使自己的发展道路越走越窄，最后一事无成。

抱怨自己做不好事情，可能是因为缺个好方法

"实在是没办法！""一点办法也没有！"这样的话，你是否熟悉？你的身边是否经常有这样的声音？当你向别人提出某种要求时，得到这样的回答，你是不是会觉得很失望？当你的上级给你下达某个任务，或者你的同事、顾客向你提出某个要求时，你是否也会这样回答？当你这样回答时，你是否能够同样体会到

别人对你的失望？

一句"没办法"，我们似乎为自己找到了不做事的理由。但也正是一句"没办法"，浇灭了很多创造之花，阻碍了我们前进的步伐。是真的没办法吗？还是我们根本没有好好动脑筋想办法？

辛巴是一个16岁的男孩，他想在暑假来临之前找到一份工作。

辛巴在广告栏上仔细寻找，终于选定了一个很适合他专长的工作，广告上说找工作的人要在第二天早上8点钟到达76号街的一个地方。辛巴在7点45分钟就到了那儿。可他看到已有20个男孩排在那里，他只是队伍中的第21名。

形势对他而言并不乐观。怎样才能引起特别的注意而竞争成功呢？他应该怎样处理这个问题呢？根据辛巴所说，只有一件事可做——想办法。因此他进入了那最令人痛苦也是令人快乐的程序——想办法。只要你认真思考，办法总是会有的。终于，辛巴想出了一个办法。他拿出一张纸，在上面写了一些东西，然后折得整整齐齐，走向秘书小姐，恭敬地说："小姐，请你马上把这张纸条转交给你的老板，这非常重要。"

"好啊。"她说，"让我来看看这张纸条。"她看了不禁微笑起来。她立刻站起来，走进老板的办公室。老板看了也大声笑了起来，因为纸条上写着：

"先生，我排在队伍中第21位，在你没看到我之前，请不要作决定。"

结果可想而知，他得到了这份工作，因为他很善于想办法。

一个会动脑筋想办法的人总能掌握住问题，也更有可能解决它。

辛巴懂得了遇事必须想办法的道理，眉头一皱创意来。有了创意便有了优势，有了优势，机会自然属于他了。

上面讲的只是一个求职故事，但它充分说明了只要想就一定有办法。著名的思维学家吴甘霖先生说："我相信，更好的方法出现，很大程度上来自于是否有一个好的心态。想办法是想到办法的前提。如果让脑袋放假，就算是天才，面对问题时也会一筹莫展，所以办法是在想的过程中产生的，它不会凭空而出。"

法国数学家、哲学家彭加勒曾经说过："出人不意的灵感，只是经过了一些日子，通过有意识的努力后才产生。没有它们，机器不会开动，也不会产生出任何东西来。"

德国哲学家黑格尔曾嘲讽那些以为可以不经艰苦思索就能获得灵感的人："诗人马特尔坐在地窖里面对着六千瓶香槟酒，可就是产生不出诗的灵感来。最大的天才尽管朝朝暮暮躺在青草地上让微风吹来，眼望着天空……温柔的灵感也始终不会光顾他。"

我们平时喜欢讲一句话："眉头一皱，计上心来。"其实，这是在特定时期、特定人物的状况。要有好的点子和想法，应当付出更多的努力。

一位著名企业家说到过这样一件事：

"小时候，妈妈拿来一个苹果在手中，对我们说：'这个苹果最大最好吃，谁都想得到它。很好，现在让我们来做个比赛，我把门前的草坪分成三块，你们三人一人一块，负责修剪好，谁干得最好，谁就有权得到它。'

我非常感谢母亲，她让我明白一个最简单也最重要的道理：要想得到最好的，就必须努力争第一。她一直都是这样教育我们，也是这样做的。在我们家里，你想要什么好东西得通过比赛来赢得，这很公平，你想要什么、想要多少，就必须为此付出努力和代价。"

你看，妈妈用一个巧妙的方法，让一个苹果的香味永留儿子的心间。这便是方法的力量。

从前有一个在轮船上工作的青年，一心一意想做百万富翁。为了这个梦想，他去请教许多人。他们告诉他：你赤手空拳要做百万富翁，必须有方法才行。

于是，这个青年开始动脑子、想主意。当时，许多制糖公司把方糖运往南美洲，但在海运途中总会使方糖受潮造成巨大损失。这些公司花了很多钱请专家研究，却一直未能尽如人愿。而这个青年却用最简单的方法解决了问题：在方糖包装盒的一角留个通气孔，这样，方糖就不会在海上运输时受潮了。

这种方法使各制糖公司减少了几千万美元的损失，而且几乎不花成本。这个青年的专利意识十分强，他马上为该方法申请了专利保护。后来，他把这个专利卖给各制糖公司，成了百万富翁。

上面这个点子又启发了一个亚洲人，这个亚洲人想：钻孔的方法可用于其他许多方面，不光是方糖包装盒。他研究了许多东西，最终发现：在打火机的火芯盖上钻个小孔，能够大量延长油的使用时间。他凭着这个专利也发了财。

你看，这就是用方法成功的奥秘。

许多人抱怨自己做不好事情，原因可能就在缺少一个好的方法上。在解决问题的过程中，不钻牛角尖，换个角度重新梳理，很多时候就能够找出切实的解决方案了。人的智力提高是一个过程，只要你能够战胜对艰难的畏惧，并下决心去努力，你就能找到越来越多地解决问题的方法，并越来越智力超群。

不适应时再不改变，你很快就会被世界遗忘了

一条鲷鱼和一只蝾螺在海中。蝾螺有着坚硬无比的外壳，鲷鱼在一旁赞叹着说："蝾螺啊，你真是了不起呀！一身坚强的外壳，一定没人伤得了你。"

蝾螺也觉得鲷鱼所言甚是，正洋洋得意的时候，突然发现敌人来了，鲷鱼说："你有坚硬的外壳，我没有，我只能用眼睛看

个清楚，确知危险从哪个方向来，然后决定要怎么逃走。"说着说着，鲷鱼便"啾"地一声游走不见了。

此刻呢，蝾螺心里在想，我有这么一身坚固的防卫系统，没人伤得了我啦！我还怕什么呢？便关上大门，等待危险的过去。

蝾螺等呀等，等了好长一段时间，也睡了好一阵子了，心里想：危险应该已经过去了吧！也就乐着，想探出头透透气，冒出头来一看，立刻扯破了喉咙大叫："救命呀！救命呀！"原来，它正在水族箱里，对面是大街，而水族箱上贴着的是：蝾螺××元一斤。

此时，不知你的感想如何，这则寓言告诉我们：过分封闭自己的人，都将丧失自我成长的机会，甚至陷于危险之境而不自知！

同样的道理，你也听过温水煮青蛙的故事吧：当把一只青蛙放进一锅烧得滚烫的开水中时，它一下子就会从里面跳出来。但是当把青蛙放在温水里，然后在锅底下慢慢加温，青蛙在温水里自由地游泳，当水温慢慢升高的时候这只青蛙丝毫没有感觉，当它感觉到不舒服想跳出来的时候，双腿已经没有力量。最后，它被煮熟了！

面对改变，我们时常会觉得有些不习惯，或者感到有些压力，甚至是恐惧。其实这正是你应该获得成长的时刻，而不是你牢骚满腹、抱怨不休的时刻。

迅猛的变化、爆炸的资讯、时间和空间的巨大变革等等，让竞争的游戏规则已在不知不觉中改变……人们曾引以为豪的成功经验也在一夜之间褪去了它往日的魔力，"一招鲜"似乎也不一定能吃遍天了。

面对这些变化，很多人开始感到困惑、压力……最后麻木或者习惯，痛苦或者快乐。

有一点确信无疑，我们正在激烈地告别传统，传统的技术、传统的知识、传统的教育！变化是时代唯一不变的特征。

你愿不愿意进入这个充满变化的21世纪呢？谁都会发现，不管你愿不愿意，时代的步伐总是向前，它不会以你我的意志为转移，更不会等我们半步。

更多的变化！更多的挑战！当然其中也包含更多的机会！《第五项修炼》的作者彼得·圣吉说："在这个时代，你唯一的竞争优势就是比你的竞争对手学习得更快！更多！更好！"而学习的实质到底是什么呢？它就是"改变"！

相对于这个时代而言，"改变"一词还来得不够有力度，不如我们用"颠覆"一词。颠覆你自己，否则竞争将颠覆我们。

抱怨时提醒自己："我足够努力吗？"

当我们羡慕别人坐拥巨富享受高品质生活时，当我们妒忌别人拿着高薪坐着高位时，当我们看到机会总是让别人遇到时，我们也许会抱怨世界真不公平。殊不知，你抱怨这些坏东西，只会引来更多坏东西，结果便会陷入"抱怨轮回"。世界首富比尔·盖茨说过：人生是不公平的，习惯去接受它吧！但他紧接着又说：当你抱怨不公平时，是否反省过"我够努力了吗？"

张先生是一家汽车修理厂的修理工，从进厂的第一天起，他就开始喋喋不休地抱怨，什么"修理这活太脏了，瞧瞧我身上弄的"，什么"真累呀，我简直讨厌死这份工作了"，什么"你看小强光收个费多好啊"……每天张先生都是在抱怨和不满的情绪中度过。他认为自己是在受煎熬，在像奴隶一样卖苦力，因此他每时每刻都窥视着师傅的眼神与行动，稍有空隙，他便偷懒耍滑，应付手中的工作。

转眼几年过去了，当时与张先生一同进厂的三个工友，各自凭着精湛的手艺，或另谋高就，或被公司送进大学进修，唯独他仍旧在抱怨声中做他讨厌的修理工。

从这个小例子中不难看出，一个人一旦被抱怨束缚，不尽心尽力，应付工作，就只能让自己过得很累，抱怨越多，越累得难受。

为什么抱怨的人会说生活这么累，因为他只看到了自己的付出，而没有看到自己的所得。而不抱怨的人即使真的很累，也不会埋怨生活，因为他知道，失与得总是同在、成正比的，一想到自己获得了那么多，就感觉到高兴。

没有一种生活是完美的，也没有一种生活会让一个人完全满意，我们做不到从不抱怨，但我们应该让自己少一些抱怨，而多一些积极的心态去努力进取。

在日常工作和生活中，我们可以随处找到时常抱怨的人。抱怨自己的专业不好，抱怨住处很差，抱怨没有一个好爸爸，抱怨工作差、工资少，抱怨空怀一身绝技没人赏识。其实，现实有太多的不如意，就算生活给你的是垃圾，你同样能把垃圾踩在脚底下，登上世界之巅。

很多人认为只要把自己的本职工作做好，把分内的事做好，就可以万事大吉了。当接到老板或上司安排的额外工作时，就老大不愿意。不是满脸的不情愿，就是愁眉不展，唠唠叨叨地抱怨不停。

如果我们想成功，除了努力做好本职工作以外，还要经常去做一些分外的事。因为只有这样，我们才能时刻保持斗志，才能在工作中不断地锻炼、充实自己，才能引起别人的注意。

王先生是一家公司的员工，他的升迁非常迅速，为什么他会得到一再提拔呢？原因就是他乐意去做分外的事，从而引起了老板的注意。

王先生总是在忙完自己的工作后，不断地为他人提供服务和帮助，不管那个人是他的同事还是上司。他将那些分外的工作也当做自己的事来做，任劳任怨，不计报酬。渐渐地，老板有了只找他帮一个小忙或分担一些重要工作的习惯；渐渐地，老板又把更多重要的事交给他去做。不久，王先生已经当上了部门经理。

接到额外工作时，不要愁眉不展，抱怨不停，多做分外工作对我们的成功大有好处。它不仅会使我们获得良好的声誉，多一次学习和锻炼的机会，而且还是一笔巨大的无形财富，会使我们尽快地从工作中成长起来。

如果抱怨成了一个人的习惯，就像搬起石头砸自己的脚，于人无益，于己不利，生活就成了牢笼一般，处处不顺，处处不满。如果你不抱怨，生活中的一切都不会让你抱怨。不胜任的人，经常抱怨世界的不公平，因为机会经常被别人抓住了。胜任的人，也知道世界是不公平的，但他们不去抱怨，而是通过付出超人的努力，让自己把握住稍纵即逝的机会。

第十一辑
从抱怨到感恩，遇见全新的自己

抱怨的人把精力全部集中在对生活的不满上，而幸福的人把注意力集中在能令他们开心的事情上。所以，幸福的人能更多地感受到生活中美好的一面，因为对生活的这份感激，他们才感到幸福。遗憾的是，很多人往往会步入一个怪圈：拥有了往往感觉不到幸福，总是这山望着那山高，不知满足；而一旦失去了，才倍感昔日拥有之珍贵，想用一个个"假如"找回自己不曾珍惜的幸福。与其抱怨对生活的种种不满，与其等到失去了再去悔恨，不如常怀感恩之心，好好地珍惜现在的拥有。

原谅不完美

有一个人非常幸运地获得了一颗硕大而美丽的珍珠，然而他并不感到满足，因为那颗珍珠上面有一个小小的斑点。他想，若是能够将这个小小的斑点剔除，那么它肯定会成为世界上最最珍贵的宝物。

于是，他就下狠心削去了珍珠的表层，可是斑点还在；他又削去第二层，原以为这下可以把斑点去掉了，然而它仍旧存在。他不断地削掉了一层又一层，直到最后，那个斑点没有了，而珍珠也不复存在了。后来，那个人心痛不已，并由此一病不起。临终前，他无比懊悔地对家人说："如果当时我不去计较那一个斑点，现在我的手里还会攥着一颗美丽的珍珠啊！"

历史上，许多举世闻名的人物都漠视他们自己身体上的缺点。他们不以缺陷而自轻，不因缺陷而悲观。比如，拜伦爵士长有畸形足，尤利乌斯·恺撒患有癫痫症，贝多芬后来因病成了聋子，拿破仑则是有名的矮子，莫扎特患有肝病，富兰克林·罗斯福则是小儿麻痹症患者，而海伦·凯勒更是从小就又聋又瞎。还有女演员莎拉，她是个私生女，而且长得并不甜美，童年时代饱受折磨，生活似乎完全没有指望，但她克服重重困难，后来终于成为舞台上不朽的人物。

萧伯纳对那些时常抱怨环境不顺的人感到很不耐烦。他说："人们时常抱怨自己的环境不顺利，使他们没有什么成就。我是不相信这种说法的。假如你得不到所要的环境，可以制造出一个来啊。"事实是，假如每个人整天都认为环境不好，当然就会把自己的过失归诸"缺陷"或其他种种的原因，因此产生了所谓的"悲观主义"。

假如别人有两条腿，而你只有一条腿；假如别人富有，而你比较贫穷；假如你长得胖、瘦、美、丑、金发、黑发，性格上害羞或进取——无论哪一点使你与众不同，都很可能成为你的缺陷——只要你自己这么认为。不成熟的人随时可以把自己与众不同的地方看成是缺陷、障碍，然后觉得自己什么都不如别人；成熟的人则不然，他先认清自己的不同之处，然后看是要接受它们，还是加以改进。

在量具世界里，生活着大大小小的量具，它们大多相处得很好，各司其职。但是也有个别的，老是觉得自己了不起，动不动就小看其他的，尺就是其中的一个。

有一天，尺骄傲地对寸说："你看看我，多么苗条，多么修长，人们就喜欢用我，李白还说过'飞流直下三千尺'呢。再看看你，矮矮胖胖的，就像个胖冬瓜，人们怎么说你呢，'鼠目寸光'！"

寸听了以后，羞红了脸，但它不想和尺争辩，于是就默默地走开了。

后来，主人听说了这件事，决定好好教育一下尺，便拿它去量一丈长的东西，尺不够长，只好弓着身子一段一段地量，好不容易量完了，却差了一大截，它量不准了。接着主人又派寸去量一寸长的东西，寸很轻易就做到了。

主人就对尺说："现在你知道了吧！尺，你也有你的短处，有些事情你也同样办不到。寸呢，虽然长得小了点，可它也有它的长处，它同样可以量东西的，你可不能小看它！"尺听了以后，羞愧地低下了头。

这个世界上的每一个人都有自己的长处和优点，也同样都有自己的短处和不足。有的人虽然在有些方面能力差一点，但他可能会做一些别人做不了的事，而有的人虽然看起来很聪明，但也不见得什么事都会做。所以，什么时候都不能小看别人，要记住：尺有所短，寸有所长。

只看你所拥有的，不看你没有的

记得有一位伟人曾说过："只看我有的，我已经是富人。"的确是这样。然而，在实际生活中，有许多人不是抱怨命运不公，就是抱怨无人识用。他们忽略了最重要的一点：生活的富有就是让自己拥有的东西物有所值！

有时候，人生就是一种角度的折射。倘若你想获得幸福，想走向成功，那么你就多透过阳光的角度去看人生，而不是总在意人生中的阴霾天气。当你开始抱怨的时候，可以拿出一张白纸，将你所拥有的或者可能拥有的统统用笔记录下来，你会发现自己其实也是富有的。

有一位牧师的女儿，出生时因为医生的疏失，造成她脑部神经遭到严重的伤害，以致颜面四肢肌肉都失去正常作用。她的名字叫黄美廉。当时黄美廉的父母抱着身体柔软的她，到处寻访名医，结果得到的都是无情的答案。她是一位自小就染患脑性麻痹的病人。

在黄美廉6岁的时候，她还不能走路。妈妈听说患有脑性麻痹者到二三十岁依旧是在地上爬。妈妈难以想象她的未来，曾经绝望到想把她掐死，然后再自杀。神奇的是，当父母悉心照顾黄美廉，且经年累月地为她祷告时，她的四肢慢慢变得有力了，后来她也能自己吃饭、自己站立，尽管步伐不稳，但总算跨出了人生的第一步。

是脑性麻痹！脑性麻痹夺去了黄美廉肢体的平衡感，也夺走了她发声讲话的能力。所以，童年时代的黄美廉，除了不能像其他的小孩子那样自由自在地玩耍、奔跑，还要面对诸多异样的眼光。一些小孩会取笑她，用手、石头或棍子打她，看她气得身体发颤或嚎啕大哭，那些小孩子就美滋滋的。

不过，黄美廉并没有让这些外在的痛苦击败她内在奋斗的精神。上学对黄美廉而言是噩梦一场，上一年级时她拿不了笔，妈妈总是握着她的手，花上大半天的时间教她写字。经过努力练习，一年后，她终于学会写字；14岁时，全家移民到美国，她进入洛杉矶市立大学就读，之后转至洛杉矶加州州立大学艺术学院，最终获得了加州大学艺术博士学位，成为了一名画家。她用她的手当画笔，以色彩告诉人"寰宇之力与美"，并且灿烂地"活出生命的色彩"。

因为无法通过语言正确地表达自己的意思，每一次演讲，黄美廉总是以笔代嘴，以写代讲，所以人们又亲切地称黄美廉为"写讲家"。这位"写讲家"曾在台南市做过一次著名的演讲，全场的学生都被她不能控制自如的肢体动作震慑住了。这是一场倾倒生命、与生命相遇的演讲会。

　　"请问黄博士，"一个学生小心翼翼地问，"你自小就长成这个样子，请问您怎么看你自己？你都没有怨恨吗？"

　　"我怎么看自己？"黄美廉拿起粉笔在黑板上重重地写下这几个字。她写字时用力甚猛，有力透纸背的气势。写完这个问题，她停下笔来，侧着头，回头注视着提问的学生，然后嫣然一笑，回过头来，在黑板上龙飞凤舞地写道：

　　一、我好可爱！

　　二、我的腿很长很美！

　　三、爸爸妈妈这么爱我！

　　四、上帝这么爱我！

　　五、我会画画！我会写稿！

　　六、我有只可爱的猫！

　　七、还有……

　　八、……

　　此时，教室内鸦雀无声。她回过头来凝神地望着众人，又回过头去，在黑板上写下了她的结论："我只看我所有的，不看我所没有的。"

　　忽然，掌声从学生群中响起来！黄美廉倾斜着身体站在台上，露出了满足的笑容。笑意从她的嘴角蔓延开来，她的双眼眯得更小了，她的脸上透露出一种永远也不被击败的傲然。

　　"只看自己有的，不看自己没有的。"这是一种多么昂扬的人生态度！懂得如此生活的人，才会成为生活的主人。

　　一个热爱生活，热爱自己的人，他只关注自己拥有的东西，并发自肺腑地为之骄傲。这样的人生观是健康的，也是惬意的。记得《圣经》曾形容一些智者："似乎贫穷，却是富足的；似乎一无所有，却是样样都有的。"多看看自己所拥有的，就会感到有更多地阳光照射在你身上。难道不是吗？

其实你已经足够幸福了

　　一个欲离婚的女子抱怨现有的琐屑生活，但她一直对其外祖母的幸福和谐生活充满好奇。有一天，她终于忍不住打开了外祖母的日记，里面记录着外公为她洗了多少衣服，吻过她多少次，洗过多少次脚……原来生活中的琐屑小事便是幸福的源泉。

　　生活中原来时时刻刻充满了幸福，这幸福来自于生活的细枝末节，只要用心去品味，幸福同样有色有香，同样可观可闻可吃可品。

　　幸福不是金钱的多少，而更多的是一种感觉，一种你认为幸福就幸福的感觉。早晨睁眼看到美丽的朝阳，鼻子嗅到清新的空气，那么你是幸福的；在公司里出色完成任务，受到老板表扬，赢得同事们的尊重，那么你是幸福的；下班回家，看到桌子上香甜可口的饭菜和孩子优秀的成绩单，那么你是幸福的；晚饭后陪同爱人和可爱的孩子在公园中散步，享受天伦之乐，那么你是幸福的。生活中令你幸福的事很多，只要你细心观察，用心体味。

如果你是一个悲观的人，那么幸福对你而言就太陌生了。早晨家人叫你起来享受美好舒心的空气，分享幸福，你会觉得"早晨"天天有，何必这样珍惜；可当你重病在身，想享受早晨的美好，却已力不从心时，你会发现你放走了一个幸福。工作时出色完成任务，受到大家的赞赏，而你却不以为然，认为自己还能完成更出色的任务；可你太高估自己，一味追求更高，导致以后无所作为，你才会想起自己以前愚蠢的想法，会发现你又放走了一个幸福。

也许你现在不会觉察到，那再过30年、40年、50年，再回头看看自己曾经走过的路：脚印是那样轻浮、曲折，并无情碾碎了一朵又一朵的幸福之花。

幸福如一杯温热的茶，置于你面前的桌上，或者平淡，或者浓烈，也或者居于两者之间，关键是品尝者的心境。一饮而尽者，肯定尝不出个中滋味。如果坐下来细品，其中的苦与甜便从我们的感觉中充分流露出来。

幸福是一种态度，它出现在某一时刻，不是在"有一天……"。如果爱上现在的日子，我们就会幸福得多，而且会得到更多的幸福和快乐。

无论任何时候，都要感恩自己的收获和得到

不论前路如何，我们都要尽情享受生命呈现给我们的一切。小至草芥微虫，大到宇宙苍穹，皆有其灵妙之处，皆有清新可言。享受生命，人生会更乐观潇洒；笑面人生，生活会更绚丽精彩。

人生是个大课堂，各种各样的知识摆在你面前，任你吸收，任你挑选，在这座宝库里你可以取己所需；人生好似一张白纸，尚待描摹喷绘，你可以按自己的意愿走出一条成功的轨迹；人生又如一杯白开水，你既可细品其无然之味，也可按己要求，或泡上龙井，或冲兑牛奶，或加入咖啡……

享受生命，我们要乐观豁达。生活的压力，常常让我们承受过多的重负；复杂多变的社会现状，往往又给我们带来种种挫折和磨难。要想立足生存，要想长足发展，若无乐观，则极易消沉，锐气磨蚀，百无一用；若无豁达，则会自缚手脚，自我囚禁，难得片刻闲暇，为己所累。因而积极向上、虚怀若谷实为生存上上之道。

享受生命，要有快乐的心境。面对任何困难和挫折，付之一笑，工作的压力和学习的烦恼都会随心情的舒畅而烟消云散。晨起跑跑步、打打拳、踢踢腿，时时邀约三五好友或互畅心曲，或

下棋看戏，或游泳钓鱼，或登山涉水，放松心情，放飞心灵，学会调解，何忧之有？

享受生命，要学会欣赏。班尼迪克特说："受人恩惠，不是美德，报恩才是。当他积极投入感恩的工作时，美德就产生了。"王永彬在《围炉夜话》中有云："观朱霞，悟其明丽；观白云，悟其卷舒；观山岳，悟其灵奇；观河海，悟其浩瀚。"因而，保持一种审美的态度去看待世间万物，你会发觉生活异常美好。

感恩之心会给我们带来无尽的快乐。有一首歌的歌词写道："不在乎天长地久，只在乎曾经拥有。"为生活中的每一份拥有而感恩，能让我们知足常乐。感恩不是炫耀，不是停滞不前，而是把所有的拥有看作是一种荣幸，一种鼓励，在深深感激之中产生回报的积极行动，去与他人分享自己的拥有。感恩之心使人警醒并积极行动，更加热爱生活，创造力更加活跃；感恩之心使人向世界敞开胸怀，投身到仁爱行动之中。没有感恩之心的人永远不会懂得爱，也永远不会得到别人的爱。

正如康德所说："在晴朗之夜，仰望天空，就会获得一种快乐，这种快乐只有高尚的心灵才能体会出来。"

每天睡觉前花一点时间去想一想，今天有什么让自己感激的事，比如父亲的一句叮咛，母亲的一顿早餐，妻子的一个微笑，邻居的一声问候，这些都是生命中爱的体现，都是值得我们感激的。如果我们能够感受到其中的爱，便会充满感恩之心，我们的生活也就变得可爱、美好而充实。

感谢对手，他们让你活得更带劲

一位动物学家在考查生活于非洲奥兰治河两岸的动物时，注意到河东岸和河西岸的羚羊大不一样，前者繁殖能力比后者强，而且奔跑速度每分钟要快13米。他感到十分奇怪，既然环境和食物都相同，差别何以如此之大？

为了解开谜团，动物学家和当地动物保护协会进行了一项实验：在河两岸分别捉10只羚羊，送到对岸去生活。结果送到西岸的羚羊繁殖到了14只，而送到东岸的羚羊只剩下3只，另外7只被狼吃掉了。

谜底终于被揭开，原来东岸的羚羊之所以身体强健，是因为它们附近有一个狼群，这使羚羊天天处在一个"竞争氛围"之中。为了生存下去，它们变得越来越有战斗力。而西岸的羚羊长得弱不禁风，恰恰就是因为缺少天敌，没有战斗力。

对于羚羊来说，狼是敌人。对于我们来说，竞争对手并不是敌人，你与他之间有着更多的相似之处而不是差异。比如，麦当劳和肯德基，百事可乐与可口可乐，戴尔与惠普，蒙牛与伊利……正是由于相互竞争的格局，才使得双方都有了快速发展的动力。

1999年成立的"蒙牛乳业"，是中国最近几年连续增长最快的民营企业之一，成了家喻户晓的明星品牌，可谓"牛气"十足。

可是蒙牛在创建初期，并非一帆风顺。面对强劲的对手，蒙牛既没有被吓倒，也没有屈服，而是选择了向伊利挑战，勇敢地与伊利展开了竞争。在一片"向伊利学习"的口号声中，蒙牛以低姿态的行为方式进入，没有被伊利当作"敌人"。经过几年的励精图治，终于，蒙牛发展成了可以与伊利抗衡的乳业大户。正是与伊利的竞争，才造就了今天蒙牛的"牛气冲天"。

要感谢你的对手，正是他让你成长得更加强大。当今世界，就业竞争激烈，如果我们能直面对手，在不断磨砺中提高自己，你自然也会获得很强的就业力与竞争力。如果动物没有了天敌，会变得死气沉沉，萎靡不振。同样的道理，一个人如果没有对手，也就没有进步的方向。我们应当对对手心存感激。

在北海道，有一种鳗鱼，它被捕上以后很容易死掉。但有一个渔夫能够使它活得更久，就是在鳗鱼中放进他的对手——狗鱼。鳗鱼因为有了对手狗鱼，其求生意志被最大限度地激活，因而活了更长时间。

人总是有惰性的，也容易自满。所以我们更要感谢对手，正是因为他们让我们有了危机感，我们才会不断地进取，以获取最大的成功。没有他，你可能不会意识到原来自己可以做到这么多，做得这么好。没有他，你就不会不断进步，也不会有今天如此大的成就。

杰奎斯·罗格成为萨马兰奇的接班人，这位外表质朴、和善的58岁老人当选国际奥委会第八任主席。罗格在当选后表示："我首先要感谢我在国际奥委会的所有同事，我要感谢他们对我的信任。其次，我要感谢我的所有竞争对手，这次竞选我们都是通过正当途径展现个人的才华。我认为虽然竞争都有赢有输，但这次竞选IOC主席我们都是赢家，其他几位候选人也是虽败犹荣。"

要学会感激和欣赏对手。取彼之长处补己之短，以谋求共同进步、共同发展。欣赏、理解、包容自己的对手，看淡结果的得与失，那么你的心也会因为这份平和而充满宁静和宽容。由此，在面对竞争对手的时候，你可以微笑着、气定神闲地迎接挑战，胜利了，赢得辉煌；失败了，同样美丽。

竞争对手是位老师，他教会你成功失败的各种经验，让你知道自己的工作该如何做；他也迫使你进步，因为竞争对手每天都在思考如何战胜你，你不愿被打败，就必须不断进步；同时他也是面镜子，毫不留情地指出并利用你的缺点加以进攻，这就帮助你改正缺点，完善自我。竞争对手的存在会时时刻刻提醒你，无论你取得多大进步，都绝不能自满。

对手给予我们的，不仅仅是危机和斗争，同时还能激发我们的求胜之心。在职场中奋斗的人，当你学会了感激和欣赏对手的时候，也就是人格走向成熟的时候。

感谢那些踹了你一脚的人

真正想成功的人，不会怨天尤人，埋怨运气不佳，他们会检讨自己，心怀感恩，再接再厉。他们的成功有着深厚的基础，就算风急雨狂、地动山摇，也不会倾倒。

提起中国民办教育家，人们都会想到新东方教育科技集团CEO俞敏洪。《时代周刊》称俞敏洪是一个"偶像级的，就像小熊维尼或米奇之于迪斯尼"式的人物，其主要原因是：俞敏洪拥有"留学教父""中国最富有的老师"等多个头衔。他创办的"新东方"是中国目前最大的英语培训机构，中国70%的留学生都出自这里，很多国际金融机构里都有他的学生。

新东方的事业，确切地说，是被"踹"出来的。多年后，俞敏洪谈起新东方的起源，对"踹"了他一脚的北京大学充满感激。

"北大是我最喜欢的地方，北大改变了我的命运。如果我没有经历在北大的挫折和自卑，我今天就不会有这么稳定的自信状态。如果不是北大的文化氛围，也没有我今天的这种理念，也不会成功创建新东方。所以，走过了风风雨雨，北大对我来说意味着我的精神生命，非常重要。"

1990年秋天的一个傍晚，俞敏洪正在宿舍里和朋友一起喝酒。这时，学校的高音喇叭开始广播一条针对某位英语系老师的处分，理由是该名老师打着学校的名义私自办学，影响了学校教学秩序。这是北大建校以来第一次公开点名批评学校老师，仔细一听，这名被处分的老师竟然是俞敏洪。

20世纪90年代，正是出国留学潮最热火的时候，俞敏洪周遭的同事、昔日的好友都出国留学去了。俞敏洪也想出国，可是出国需要一大笔费用，虽然美国的一所大学已经答应给他提供3/4的奖学金，但这也意味着他必须自己筹备剩余的1/4的学费，这可是相当于4万多元人民币，按照他当时120元的月薪来计算，不吃不喝都要10年才能攒足。俞敏洪不得不另想他法。由于他本人也经历过TOFFL（托福）考试，深知社会上TOFFL英语培训这块市场需求大，于是他想出了一个办法，就是在学校外办TOFFL班，赚取出国所需的费用。

在留学潮最热的那几年，很多高校的老师纷纷出国留学，有的人学费不够，就在学校外兼课，或者办补习班，这种情形在当时相当普遍，也引起了校方和社会上一些人士的极度反感。北大对俞敏洪的处分，由于是出于一种"杀鸡儆猴"的目的，不可谓不重。除了高音喇叭通报批评外，还在北大有线电视连播了好几天，同时处分布告也贴到了北大著名的"三角地"宣传栏里。北大对俞敏洪的这一"踹"，将俞敏洪作为一个知识分子的颜面毫不留情地击碎在地。

16年后又一个秋天，新东方在世界上最大的证券交易市场——美国纽约证券交易所上市，俞敏洪的身价大增，成为华尔街新宠。有评论界人士将这次出名与16年前那一场出名相比，说他是从一种黑色的出名走向了一种光明正大的出名，说他作为一个商人、一个企业家的价值其实是从他走出北大校门办英语培训班开始得以展现的。

人们无从知道这些赞誉在俞敏洪的心里搅起了什么样的浪花，但是有一点可以肯定，已经成为"中国最富有的老师"的俞敏江其实并不关心他财富的增或减，他甚至并不关心每天的股值涨落，而十多年前的那场"处分风波"也随着时过境迁，在他的心中碾磨出了另外一份不同的感悟。

"北大'踹'了我一脚。当时我充满了怨恨，现在则充满了感激。因为如果一直混下去，我现在可能还只是北大英语系的一个副教授。"

在回顾新东方创办历程时，俞敏洪也将北大对自己的影响归结为新东方之所以能获得成功的重要原因之一。

他说："我（在北大）学到的东西要比英语多得多。而这些东西，不是从某个人和某个老师身上学到的，而是在北大的氛围里面能够感染到、感知到的。在北大的6年教书训练，使我锻炼出了自己的教学模式和教学理念，养成了我跟学生良好的交流习惯，使我懂得了中国大学生到底在想什么，这也是新东方成功的保证。

"我对北大的感情是非常深刻的，坦率地说，没有北大就没有新东方，原因是现在新东方的一些精神，或者是一些做事的方法，坦率地融入了北大的精神。"

或许，俞敏洪之所以能够坦然地面对当年的"处分风波"，是因为他终于明白，生命中的每件事或人，都可能给我们一个清理能量、演进自己，向更高更远处提升的机会。如果不是因为北大的处分，俞敏洪也不可能辞职，创办起一个对中国学生乃至中国教育影响深远的新东方学校。

的确，你只有感谢曾经折磨过自己的人或事，才能体会出那实际上短暂而有风险的生命的意义。正如罗曼·罗兰所说："只有把抱怨别人和环境的心情化为上进的力量，才是成功的保证。"

感谢那些"逼"过你的人

一个员工在公司工作时，工作进度上不去、工作效率不高、工作不能保质保量完成、工作出现失误时都不可避免地会受到老板的批评、训斥；工作任务繁忙时，老板还会要求加班加点地工作并且没有商量的余地；从早到晚，老板像个监工一样，监督着员工们工作，稍有懈怠，老板就会给脸色；迟到、早退一会儿，苛刻的老板要扣薪水；不经意的一次失误，老板扣了这个月的所有奖金……林林总总，似乎说明员工在备受老板的"折磨"，其实正是老板的这种"折磨"锻造了员工。

温室里的花永远长不成参天大树，不经过折磨，员工就无法成长并成熟起来。折磨当然会给人带来痛苦，但也可以磨炼人的意志，激发人的斗志；可以使人学会思考，完善自我，以更好的方式去实现自己的目标，成就自己的辉煌事业。科学家贝佛里奇说："人们的成就往往是在处于逆境的情况下做出的。"因此可以说，老板"折磨"你其实是造就你成才的一种特殊手段。

对于老板的折磨，如果你能以正确的心态去看待，不但不会成为负担，相反会成为你前进的动力。

麦迪逊是一位技术员，大学毕业参加工作时间不长，就因一件小事出错被老板毫不客气地训斥了一顿："怎么搞的，这么一点事都做不好，这样下去工作怎么可能干好呢？"话语虽然不多，但语气很重，态度强硬。年轻气盛的麦迪逊听了老板这些话，自尊心受到了极大的伤害，但是他最终还是压住火气，低下了头。这次事后，麦迪逊发现虽然老板训斥他时十分严厉，但一些比较重要的工作每次都是安排自己去做，对自己的信任丝毫没有减弱。而且，老板在训斥麦迪逊的时候，也时不时地向他灌输不少专业方面的知识和方法。久而久之，当再次被老板训斥，麦迪逊不像开始时那样愤慨了。每次受训之后，他都认真总结，不断提高自我。1年后，他成了公司最优秀的员工，年度总结大会上，还被评为了"明星员工"，并被老板提升为了部门经理。

员工在"折磨"中成长。有人戏称"折磨"是必须练就的一种能力。不知道"折磨"员工的老板，对员工听之任之，也许可能会一时赢得员工的好感，但于公司和员工的发展都极为不利。一个公司的发展，人才是最终的决定性因素，而要培养人才，就必须"折磨"人才，刀不磨会生锈，人不磨就不可能成才。

查理到某大公司应聘部门经理，老板提出要有一个考察期，但出乎意料的是上班后被安排到基层商店去站柜台，做销售代表的工作。一开始查理难以接受，但查理还是耐着性子坚持了3个月。后来，他恍然大悟，自己对这个行业不熟悉，对这个公司也缺乏了解，的确需要从基层工作学起，才可能全面了解公司，逐渐熟悉业务，何况自己拿的还是部门经理的工资呢。

虽然实际情况与自己最初的设想有很大的差距，但是查理懂得这是老板对自己的一种考验方式。他坚持下来了，3个月以后他全面承担部门的职责，并且充分利用这3个月在基层的工作经验，带领团队取得了不俗的业绩。半年后，公司经理调走了，他得以提升；1年以后，公司总裁另有任命，他被提升为总裁。在谈往事时，他充满感慨地说："当时忍辱负重地工作，心中有很多怨言。但是我知道老板是在考验我的忠诚度，于是坚持了下来，这才最终赢得了老板的信任。"

但是也有很多人在表面上虽然接受了老板的"折磨"，可心底里却在为自己寻找理由。他们不懂得"善解人意"，不知道老板那么做一定会大有深意暗藏玄机。所以，在具体的工作过程当中，他们会不情愿地依照老板的吩咐办，并可能会说："是老板让我这么办的，出了问题与我无关。"甚至有些人还会消极抵抗，应付工作。

如果一个员工抱着这样的想法，对老板的"折磨"耿耿于怀，甚至为报复而对工作敷衍塞责，那么就别指望会获得升迁与加薪的机会了。在公司里，善于理解老板的真实意图，正确对待老板"折磨"的员工，才能认真完成工作。这样的人表现出了自己的忠诚与能力，会得到老板的认同和好感，进而受到重用，获得加薪升职的机会。

要正确对待老板的"折磨"，就要求员工站在老板的角度上思考问题，而且经常这样换位思考，我们就更容易使自己的能力得到提高。一般人只会在自己的立场上与老板的"折磨"纠缠，怎么也想不通老板为什么会这么做。其实，只要能够站在老板的角度看问题，就更容易认清自己，接受老板的"折磨"，而不至于采取消极抵抗的态度。

结语

不抱怨，你将迎来这世上最美的改变

你觉得自己现在心情愉快吗？你数过自己每天会为几件事劳神费心吗？你是否经常抱怨碰到郁闷的事儿并因此牢骚满腹？

其实，生活总会有烦恼，但抱怨是无济于事的。抱怨的人在抱怨之后，非但不轻松，心情反而变得更糟。心中的石头不但没减少，反正增多了。常言说，放下就是快乐，包括放下抱怨，因为它是心里很重又无价值的东西。

生活是一面镜子，不抱怨的人从镜子中看到的是不抱怨的生活，心灵轻盈的人看到的生活总是绿树成荫、阳光倾泻。得与失总是交替存在的。停止抱怨、放开心灵，让生活继续流动，让周围的一切不如意都因为你的不抱怨而改变。

学会不抱怨后，你将发现，幸福出现的频率并不像你之前想象的那样小。幸福就存在于我们生活的细微处。如一杯温热的茶，置于我们面前的桌上，或者平淡，或者浓烈，也或者居于两者之间，关键是品尝者的心境。一饮而尽者，肯定尝不出个中滋味；如果坐下来细品，其中的苦与甜便从我们的感觉中充分流露出来。

　　也许有人会说这些小事何以成为人人渴望的幸福。难道幸福一定是雍容华贵、惊天动地吗？在中国著名作家毕淑敏的《提醒幸福》中有这样一段话可以很好地诠释幸福："幸福绝大多数是朴素的，它不会像信号弹似的，在很高的天空闪烁红色的光芒。它披着本色的外衣，亲切温暖地包裹起我们。"